高等院校应用型本科规划教材

U0381359

应用化学

吴范宏　徐　虎　主　编

华东理工大学出版社
EAST CHINA UNIVERSITY OF SCIENCE AND TECHNOLOGY PRESS
·上海·

图书在版编目(CIP)数据

应用化学 / 吴范宏,徐虎主编. —上海:华东理工大学出版社,
2016.8(2024.7重印)

ISBN 978 - 7 - 5628 - 4746 - 5

Ⅰ. ①应… Ⅱ. ①吴… ②徐… Ⅲ. ①应用化学 Ⅳ. ①O69

中国版本图书馆 CIP 数据核字(2016)第 169557 号

内容提要

　　本书系统地阐明了化学在能源、环境、材料、军事和人类健康等领域的应用和重要性,并增加了一些化学在相关领域发展过程中出现的新应用,以突显化学在现代社会进步中所发挥的巨大作用。全书共 6 章:第 1 章主要介绍了化学发展简史和化学的社会地位;第 2 章主要从能源的含义、以碳为主的能源、化学电源、核能等方面介绍了化学与能源的紧密联系;第 3 章主要从水污染及其防治、大气污染及其防治、固体废弃物污染的化学治理等方面强调了化学与环境的紧密关系;第 4 章主要从材料学的分类、高分子材料、纳米介孔氧化硅材料、新型能源材料等方面强调了化学与材料的重要关系;第 5 章主要从火药、化学非致命武器、化学武器、核武器等方面介绍了化学与军事的紧密联系;第 6 章主要从人体中的化学、化学与营养、化学药物与健康等方面强调了化学与健康的重要关系。

　　该书既可作为高等院校中应用化学及相关专业学生的教材,也可供相关行业从业人员学习和参考。

策划编辑 /	周 颖	
责任编辑 /	花 巍	
装帧设计 /	吴佳斐	
出版发行 /	华东理工大学出版社有限公司	
	地址:上海市梅陇路 130 号,200237	
	电话:021-64250306	
	网址:www.ecustpress.cn	
	邮箱:zongbianban@ecustpress.cn	
印　　刷 /	广东虎彩云印刷有限公司	
开　　本 /	787mm×1092mm　1/16	
印　　张 /	7.75	
字　　数 /	190 千字	
版　　次 /	2016 年 8 月第 1 版	
印　　次 /	2024 年 7 月第 7 次	
定　　价 /	25.00 元	

前　言

　　本书在编写过程中着重介绍化学在当今社会中的重要作用,普及应用化学知识,树立美好生活源自化学的理念。在编写过程中,从与人类生活息息相关的不同化学领域切入,减少化学知识的枯燥讲解,浅显易懂地勾勒出应用化学在各领域中不可或缺的地位,增加了一些在相关领域发展过程中出现的新应用,适于用作应用型本科院校应用化学相关专业学生的学习用书,也可满足相关行业从业人员学习了解应用化学知识的需求。

　　本书共分六章,从不同层面反映化学在能源、环境、材料、军事和人类健康等领域的应用和重要性。另外,本书的每章篇末还设有相关热点事件的案例,以突显化学在社会进步中发挥的作用,相信读者也能从中重新审视化学的地位,发现学习应用化学的乐趣。上海应用技术大学的有关教师参与了该教材的编写工作,各章的编写人员如下:吴范宏、徐虎、蒋继波(第1章),徐虎、蒋继波(第2章),周祖新(第3章、第5章),卢德力(第4章),于燕燕、吴范宏(第6章)。

　　尽管大家在本书编写过程中都付出了巨大努力,但囿于作者的能力和学识,书中难免有疏漏,恳请广大读者对教材中出现的疏漏或不足给予批评指正,并不吝赐教。

编　者

2016 年 5 月于上海

目　　录

第1章 绪 论

化学是一门基础学科，是一门研究物质组成、结构、性质以及其变化规律的学科，凡涉及物质均与化学相关。在人类社会长期发展过程中，化学也得到了长足的发展，在不同领域均有其深刻的影响。例如，在农业领域，除草剂、杀虫剂、化肥的使用直接引发了二十世纪的农业革命，使得地球生养数十亿的人口成为可能；高分子材料、纤维及半导体的应用使我们的生活更加便捷、丰富多彩；各种人工合成药物使人们远离疾病，从而健康得到保障。某公司的"美好生活源于化学"营销词很好地诠释了化学在人类社会中的地位。但人们在享受化学科学与技术所带来的各种便利的同时也遇到了种种困难，如全球性能源短缺、环境恶化及生态破坏等。那么人们要如何认识"化学"这把双刃剑？化学在社会中到底扮演了怎样的角色？看来我们只有从化学的研究内容与发展轨迹中寻找答案了。

1.1 化学发展简史

1.1.1 远古制陶工艺时期

据考古学家考证，在北京周口店遗址发现经火烧过的动物骨骼化石，从而证实在距今50万年以前人类便开始使用火了。有了火，古猿人能在寒冬中取暖，在黑暗中得到光明，从此结束了茹毛饮血的生活，生存能力也得到极大提高。古人长期使用篝火，发现泥土在火的作用下变得坚硬牢固，便有意识地将黏土捣碎用水调和，揉捏到绵软程度，再塑造成各种形状，放在阳光下晒干后，再架在篝火上烧制成盛物器具，这就是陶瓷的雏形。陶器到底何时诞生已难考证，我们所关心的是其中的相关化学问题。其实，制陶过程就是通过煅烧改变黏土性质，使黏土中的二氧化硅（SiO_2）、三氧化二铝（Al_2O_3）、碳酸钙（$CaCO_3$）和氧化镁（MgO）等化学物质在烧制过程中发生一系列的化学变化，形成微观网状结构，因此陶器具有防水、耐磨的性质。后来人们又发现将特定物质敷于陶胚表面，烧制后陶器会呈现出鲜艳的色泽，这就是彩陶。早期颜料从自然界中获取，如彩陶上的黑色来自碳（C）、红色来自朱砂（HgS）或赤铁矿（Fe_2O_3）。我国唐代的三彩釉陶器，亦称唐三彩，因其造型丰富多彩、色泽艳丽而闻名于世（图1-1）。

图1-1 唐三彩驼和外域商贩
（图片源自百度百科）

1.1.2 炼丹术和冶金化学时期

东、西方炼丹术均源于人类对生命和财富的追求,尤其是封建社会的帝王有两种奢求:一是拥有更多财富,二是长生不老。例如,秦始皇统一中国后,便迫不及待地寻求长生不老药,不但让徐福等人出海寻找,还召集一大批方士(炼丹家)日夜不息炼制丹砂——所谓的"长生不老药"。再如,炼金家想点石成金,即用人工方法(化学反应)把铜、铅、锡、铁等金属转变为金、银等贵金属。希腊炼金家就把铅、铜、铁、锡熔化成合金,再将其放入多硫化钙溶液中浸泡,在合金表面便形成一层硫化锡,它色泽酷似黄金,现在我们称这种金黄色的硫化锡为金粉,可用于建筑物的涂料。这些虔诚的古代炼丹家和炼金家最终虽没达到目的,但他们长年累月置身于毒气、粉尘笼罩的简陋"化学实验室"中,这难得的坚持也为他们赢得了钻研化学科学奥秘的"化学家"的称号,他们为化学学科的建立积累了相当丰富的经验,同时也收获了很多失败的教训,甚至总结出一些化学反应的规律。例如东晋葛洪所著《抱朴子》一书中记载:"丹砂(硫化汞)烧之成水银,积变(把硫和水银两种物质放在一起)又成丹砂",发现了反应的可逆性。另外,这些"化学家"有目的地将各种物品搭配进行试验,制成了升华器、研钵、蒸馏器、熔化炉、加热锅、烧杯及过滤装置等,也建立了早期实验方法,如研磨、混合、溶解、结晶、灼烧、熔融、密封等。他们在钻研的过程中还创造了许多技术名词,编写出了不少著作,正是这些理论、实验方法、仪器,以及炼丹、炼金著作奠定了化学作为一门学科的基石。在欧洲文艺复兴时期,首次出现了"化学"这个词。其实英文单词中的化学(Chemistry)就源自炼金术(Alchemy)。

最早的冶炼要追溯到公元前 3800 年左右,那时的伊朗就开始将铜矿石(孔雀石)和木炭混合在一起加热,得到金属铜,这个过程木炭(C元素)充当了还原剂,将铜矿石中的铜离子还原为单质铜。后为改善纯铜质地较软的特性就向铜中掺入锡元素形成合金,用这种材料制成的物品称为青铜器,适合制造生产工具、器皿或兵器。到了公元前 3000 至公元前 2500 年,又出现锡(Sn)和铅(Pb)的冶炼技术。古代的中国在铸造青铜器上有过巨大成就,如殷朝前期的"司母戊"鼎及战国时期的编钟。因此,青铜器的出现,推动了当时农业、兵器、金融、艺术等方面的发展,把社会文明向前推进了一步。

火药的发明与中国西汉时期的炼丹术有关。黑火药是中国古代四大发明之一,但为什么要把它称为"黑火药"呢? 这与其选用的原料有关。火药的三种原料是硫黄、硝石和木炭。木炭是黑的,因此制成的火药呈现出黑色,故名"黑火药"。炼丹方法是将硫黄与硝石放在炼丹炉中用火炼制,而在许多次炼丹过程中出现了着明火和爆炸现象,经过反复尝试终于找到由最佳配比成分(简称"一硫二硝三木炭")制成黑火药,其反应方程式如下:

$$S + 2KNO_3 + 3C \longrightarrow K_2S + N_2\uparrow + 3CO_2\uparrow$$

1.1.3 近代化学理论时期——探索物质结构

世界是由物质构成的,那么什么是物质呢? 这一问题曾经困扰了许多思想家,西方思想家也曾提出许多假想,如古希腊的泰立斯认为水是万物之母;黑拉克里特斯认为万物由火生成;亚里士多德在《发生和消灭》一书中认为热、冷、干、湿是自然界最原始的性质,把它们成对组合起来,便形成四种"元素",即火、气、水、土,这些元素再形成各种物质。我国最早尝试回答这个问题的是商朝末年的西伯昌,他认为:"易有太极,易生两仪,两仪生四象,四象生八卦",即用阴阳八卦来解释物质的组成。以上观点均源自经验、直觉,根本无法触及物质结构的本质。

在化学历史发展进程中,英国的波义耳第一次给元素指出了一个明确的定义,即"元素是构成物质的基本,它可以与其他元素相结合,形成化合物。但是,如果把元素从化合物中分离出来,它便不能再被分解为任何比它更简单的东西了。"波义耳还对燃烧现象的本质进行了研究,认为火是由一种实实在在的、具有质量的火微粒所组成的。1703 年,德国哈雷大学的施塔尔提出了一个完整的、系统的化学燃烧学说,认为物质燃烧是因其含有"燃素",不含燃素的物质就不能燃烧。燃烧时燃素从物体中移走,此后物体就不可再燃烧。按照他的理论,一切化学变化,乃至物质的化学性质、颜色、气味的改变都可归因于物体释放或吸收燃素的过程。至 18 世纪中期,燃素学说基本统治了整个化学领域。彻底颠覆燃素学说的当属法国化学大师拉瓦锡。他特别注重"量"的概念,他在密封的曲颈瓶中焙烧锡和铅,通过天平对金属燃烧前后的质量进行对比,发现燃烧后物体的质量增加了。他还称量了密封后的曲颈瓶在加热前后的质量,发现质量无变化。最后,他又打开瓶子,发现有一股空气冲进瓶中,曲颈瓶增加的质量恰巧等于金属变为煅灰所增加的质量,表明煅灰是金属与空气结合的产物。拉瓦锡又制取了所谓的"纯粹空气"——氧气,并认识到这种气体不仅助燃还有助于呼吸。拉瓦锡的燃烧理论走向完善的最后一步是他通过实验辨明了水的组成,结束了长久以来普遍认为水是元素的错误认识。至此,统治近百年的燃素学说被彻底摧毁了,取而代之的是以新元素氧为核心的生机勃勃的燃烧学说。1803 年,英国化学家道尔顿创立原子学说。原子学说的主要内容有三点:①一切元素都是由不能再分割和不能毁灭的微粒所组成的,这种微粒称为原子;②同一种元素的原子的性质和质量都相同,不同元素的原子的性质和质量不同;③一定数目的两种不同元素化合以后,便形成化合物。后来又发现了三个关于化合量的定律,即普罗斯特定比定律、道尔顿倍比定律和盖·吕萨克气体反应体积定律。在此基础上还发展了阿伏伽德罗分子学说,即许多物质往往不是以原子的形式存在,而是以分子的形式存在,例如氧气是由两个氧原子组成的氧分子,而化合物实际上都是分子。至此,化学由宏观认识正式进入到微观认识的层次,从而使化学研究建立在原子和分子水平的基础上。

1.1.4 现代化学的兴起

19 世纪末,物理学上的三大发现,即 X 射线、放射性和电子,猛烈地冲击了道尔顿关于原子不可分割的观念,从而打开了原子内部结构的大门,揭露了微观物质世界中更深层次的奥秘。热力学等物理学理论引入化学以后,利用化学平衡和反应速率的概念,可以判断化学反应中物质转化的方向和条件,从而初步建立了物理化学,将化学提升到一个新的理论水平。在量子力学建立的基础上发展起来的化学键(分子中原子之间的结合力)理论,使人类进一步了解分子结构与性能的关系,促进了化学与材料科学的联系,为发展材料科学提供了理论依据。化学与社会的关系也日益密切。化学家们运用化学的观点来观察和思考社会问题,用化学的知识来分析和解决社会问题。例如,1952 年 12 月的一次光化学烟雾事件致使洛杉矶市 65 岁以上的老人死亡 400 多人。究其原因就是空气中的大量碳氢化合物、一氧化氮、乙醛和其他氧化剂在阳光作用下发生一系列化学反应而产生具有毒性的化学物质。现在我国多地频现雾霾天气,对人类健康构成重大危害,政府已出台了一系列应对措施,如机动车限行、高污企业限产、工地停止扬尘作业等。以史为鉴,通晓类似光化学烟雾事件中的元凶——"各种化学物质及其反应性能"将能更好地帮助我们解决上述社会问题。总之,人类社会的发展与化学知识的发展密切相关。

1.2 化学的社会地位

在人类社会发展进程中,化学的作用不可低估。有了化学,人类的生活不仅更加便捷,而且也更加丰富多彩,另外人类生活的品质有了极大的提高。总而言之,化学在人类社会中的功能愈加重要。

1.2.1 化学与人类生活中的衣、食、住、行

人类对物质的认识由宏观进入到微观世界,有力促进了化学作为一门学科的大发展,同时各种门类、不同功能的化学产品的出现彻底改变了人类方方面面的生活质量。当今社会,人类对着装的要求不再是蔽体那么简单,现在人们更讲究穿着的美观与舒适度,每年全球各种类别的时装秀都是引领着装风格的风向标。尤其是人工合成纤维及化学染料制品的出现丰富了人们的衣橱。我国是尼龙生产大国,尼龙 66 是地地道道的化学制品,它是由己二胺与己二酸聚合而成的,其反应方程式如下:

$$n\text{HO}_2\text{C(CH}_2)_4\text{CO}_2\text{H} + n\text{H}_2\text{N(CH}_2)_6\text{NH}_2 \longrightarrow -\!\!\left[\!-\overset{\overset{\text{O}}{\|}}{\text{C}}\text{(CH}_2)_4\overset{\overset{\text{O}}{\|}}{\text{C}}\text{NH(CH}_2)_6\text{NH}-\!\right]_n$$

某公司研制的一种衣物面料——莱卡是一种弹性纤维,属氨纶,极富弹性,可掺入到任何其他面料中使用,含莱卡的衣物一般舒适性较高。衣物着色用的颜料属精细化工产品,一般是通过化学合成方法制备。当然,一些前沿学科的技术的应用,如采用纳米技术、生物技术等,使得具有驱虫、防臭、免洗功能的衣物不再是一种幻想。

世界人口数量不断增长,要想解决温饱问题就必须解决粮食问题。化肥、农药的大规模应用显著提高了粮食产量,还减少了虫害,为粮食的增收提供了保障。而化肥、农药的生产离不开化学。当前,环境问题、食品安全日趋严峻,开发绿色、高效的农药是必然选择,但新型农药的开发也离不开化学。另一方面,各种食品添加剂,如防腐剂、调味剂、香料、色素等,可使食物色更佳、味更美、更易储藏。现代建筑使用的钢材、水泥、油漆涂料、塑料、玻璃等都是化工产品,没有化学知识就生产不了这些产品,房屋就无法顺利建成,人类的居住问题就很难妥善解决。利用化学蒸馏、精馏工艺可以将原油提炼成各种燃油,解决了汽车、轮船、飞机运行的燃料问题,从而解决了人类出行的问题。现在,化学已经帮助我们解决了大量的衣、食、住、行的问题,而且随着化学的不断发展,相信我们明天的生活也将会更好。

1.2.2 化学与能源

能源是社会发展的动力源泉,随着人类社会的进一步发展,人类对能源的需求会进一步增

加。而当今作为主要能量供给形式的石化能源日趋枯竭,开发更多绿色新能源是大势所趋。化学作为"掌控"物质变化的学科,既是创造物质的能手,也是开发新能源的专家,化学在高效利用传统能源、开发新能源方面将大展身手,相信太阳能、氢能、风能、地热能及潮汐能等新兴能源形式的开发与利用必然将改变人类对石化能源的严重依赖,从而缓解能源短缺并减少环境污染。

1.2.3　化学与生态

传统化学工业在给人类社会带来诸多便利的同时,对人类生存环境(包括大气、水资源及土壤等)也带来了污染,直到 20 世纪后期人们才深刻认识到优化环境、善待自然的重要性。人们通过化学认知了复杂而又相互作用的大自然,在各个层面上研究物质与环境的相互作用,化学是人类社会与环境的纽带,同样也是解决其矛盾的利器。环境化学、绿色化学的发展将能够保证社会可持续发展。

1.2.4　化学与材料

材料是人类赖以生存的物质基础,人类社会的发展进程见证了材料的发展史,从石器时代、青铜器时代、铁器时代、钢时代到硅时代、高分子材料时代,再到现在的纳米材料时代。各行各业对不同材料都有着强烈需求。化学是材料科学发展的基石,人类已经利用一百多种元素创造了成千上万的新物质、新材料,而且这种趋势还将延续下去,随着新式合成方法、化学工艺的不断涌现,更多具有新型功能的材料也将不断出现,人类生活质量将会得到更大提高。

1.2.5　化学与军事

军事行动虽与地区冲突、局部战争密不可分,但军事力量的强弱也关乎国家主权、利益的稳固,因此军事力量的发展对任何国家而言都有着很重要的意义。化学在军事中的应用也随处可见,小到一颗子弹,大到化学武器、核武器。冷战虽然已经过去,但各国之间的军备竞赛却始终没有停歇过,军备发展所利用的先进技术也均涉及化学知识。

1.2.6　化学与健康

随着社会的不断发展,工作和生活压力使得人们的健康问题也随之而来。因此,现在人们越来越重视自身的健康。人体中能够找到几乎所有的元素,但并非所有元素都是人体所必需的,有些是致病的,如重金属汞、镉等,故了解不同化学元素在生命活动过程中的作用、反应等是走向健康生活的开端。

第 2 章　化学与能源

能源、材料及信息是人类社会发展的三大支柱,而能源是驱动经济发展的原动力。当今社会发展所依赖的能源供给形式依然是煤、石油、天然气等非再生能源,当人类社会发展到一定程度将失去开采价值,届时能源结构必将发生变化,太阳能、核能、氢能等可再生能源形式将占主导地位。20 世纪 50 年代以后,人类已经意识到"能源危机"问题,开发和利用新型可再生能源是解决人类社会可持续发展的根本,而开发和利用洁净煤技术、太阳能、核能、绿色化学电源与生物质能等都离不开化学。

2.1　能源概述

2.1.1　能源的含义

能源就是向自然界提供能量转化的物质(包括矿物质能源、核物理能源、大气环流能源及地理性能源等)。经历 20 世纪 70 年代两次石油危机后,"能源"一词成热议话题,各国政府也积极从国家安全的高度制定出相应的能源政策。我国从 2003 年开始筹建石油储备基地,根据国家财政部经济建设司相关信息,截至 2015 年中期,我国已建成 8 个国家石油储备基地,总储备库容达 2 680 万立方米。目前,关于"能源"的定义有多种说法,如《大英百科全书》认为"能源是一个包括所有燃料、流水、阳光和风的术语,人类用适当的转换手段便可让它为自己提供所需的能量";《科学技术百科全书》认为:"能源是可从其获得热、光和动力之类能量的资源";而我国《能源百科全书》认为"能源是可以直接或经转换提供人类所需的光、热、动力等任一形式能量的载能体资源。"综上所述,能源是可提供各种形式的能量(如热量、电能、光能和机械能等)或可做功物质的统称,其有多种存在形式并可相互转换。

2.1.2　能源发展历程

18 世纪前期,柴草是人类的主要能源,既可用来做饭、取暖,亦可用来制陶与冶金等,至今仍有少数农牧民在利用这一古老的能源。18 世纪后期,随着蒸汽机的出现,煤炭逐渐成为主要能源载体,广泛用于石油冶炼、机械制造、交通运输与居民生活等领域。煤通过汽化、液化、焦化处理,还可转化成优质液态或气体燃料,使用更广泛。二战后,石油、天然气等资源得到大规模应用,进一步拓宽了能源的使用范围。由石油提炼出的汽油、柴油等可用作汽车、轮船、飞机的内燃机燃料;天然气可用作生活能源。总之,现代生活中的衣、食、住、行均直接或间接地与石油产品有关。自 20 世纪 50 年代始,石油、天然气开采量剧增,到了 60 年代后期,煤炭在世界能源消费结构中的消费比例呈逐年下降趋势,而石油、天然气的消费比例则连年上涨并一直处于领先地位。由于我国煤炭资源丰富(居世界第三),而石油资源相对贫乏,所以目前我国在能源消费结构中仍以煤炭作为主要能源(约占 70%)。为实现社会的可持续性发展,2014 年底国务院颁布了《能源发展战略行动计划 2014—2020》(简称《计划》),《计划》指出我国能源结构优化的路径是:降低煤炭消费比重,提高天然气消费比重,大力发展风电、太阳能、地热能等可再生能源,安全发展核电。到 2020 年,非化石能源占一次能源消费比重达到 15%,天然气比重达到 10% 以上,煤炭消费比重控制在 62% 以内,石油比重则为 13%。

就全世界范围而言,由于煤和石油资源分布的不均匀性,在未来相当一段时期内煤与石油仍是能源的主力军,很难实现某种新能源能彻底替代石化能源的局面,仍将是多种能源形式并存、互补的格局。鉴于煤和石油资源的有限性,在倡导节约能源的同时,还要立足于各种新型能源形式的开发与研究。目前,已使用或正在开发的新能源形式有:太阳能、生物质能、核能、风能、地热能、海洋能和氢能等,这些新能源体量巨大、可再生、无或低污染,极有可能成为未来能源的发展方向。太阳能是地球上最根本的能源,每年太阳辐射至地球表面的能量总量为全世界消耗量的 1.3 万倍,因此太阳能可谓取之不尽、用之不竭,利用前景诱人。生物质能则蕴藏在植物、微生物、动物体内,而全球每年通过光合作用储存于植物体内的能量约为地球总能耗的 17 倍,因此有效利用该能源具有重大意义。柴草等直接燃烧虽能释放出生物质能,但热量利用率极低(不足 25%),且污染环境;若将柴草等经加工处理转变成热值高的固态、液态和气态化合物,其生物质能利用率可得到极大提升。如生物质在密闭容器中经高温干馏可将原料分解成 CO、H_2、CH_4 等可燃气体;生物质在厌氧条件下可生成沼气(主要成分为 CH_4),沼气作为燃料不仅热值高,而且干净,目前亚洲一些国家的农家沼气池的建设和利用已颇具规模。氢能也是 21 世纪的理想新能源,其作为燃料,热值不仅很高且对环境友好(燃烧产物为 H_2O)。氢能一般蕴藏在海水中,故氢能蕴藏量极为丰富,可通过从海水中提炼出氢气来得到氢能。氢气不仅可在工业中应用(冶炼的还原剂),也可在民用(烹饪、交通工具等)中使用。

总之,随着科学技术的不断进步,世界能源结构正向着多元化方向发展。相信随着人们的不懈努力,我们终会探索出更多价格低廉、储量丰富、使用便捷的理想清洁能源。

2.1.3 能源分类

能源种类繁多,根据不同划分方式可分为不同的类型。下面简单介绍几种能源分类方法。

2.1.3.1 以来源形式分类

1. 地外能量

地外能量通常指太阳的热辐射能(即太阳能),也是地球上风能、水能、生物能和矿物能源等的能量源泉。人类所需绝大部分的能量都直接或间接地源自太阳能。植物通过光合作用将太阳能转变为化学能储存体内,为其生存提供能量。煤炭、石油、天然气等化石能源也是由深埋地下的动植物经漫长岁月的演变所形成的,其本质还是这些古生物所蕴藏的太阳能。此外,水能、风能、波浪能和海流能等也都间接来源于太阳能。人类发射的卫星、远地行星探测器等通常借助安装于其表面的太阳能电池板收集太阳能为其提供能源支持。据理论计算,太阳每秒辐射到地球的能量折合标准煤约为 500 万吨,一年就相当于 170 万亿吨标准煤的能量,但目前人类利用的比例非常低,因此开发潜能巨大。

2. 地球内部蕴藏的能量

这种能量又分为两部分,一部分指与地球内部热能有关的能源以及与原子核反应有关的能源,如原子核能、地热能等。地球相当于一个热能库,从地表往下,随深度的增加,岩层温度不断升高。地球内部的温度高达 7 000℃,而在 80~100 千米深处,温度会降至 650~1 200℃,火山爆发与地震是其能量集中释放的表现。有人估算:按目前人类的钻探能力,可开采到的地热能总量相当于目前全球能耗量的 400 万倍。另一部分指地球与其他天体相互作用而产生的蕴藏在地球本身的能量。地球、月球、太阳间相对位置的周期性变化引起它们之间万有引力的规律性变化,引发地球海水的涨、落,从而形成潮汐能。相对于前者,潮汐能量较少,每年全世界的潮汐能折合标准煤约为 30 亿吨,而且其利用范围也受到限制,仅能在浅海区使用。

2.1.3.2 按能源产生方式分类

按能源产生方式可分为一次能源和二次能源。前者指从自然界中直接获得的能源形式,如石油、天然气、煤和风能等。二次能源通常指在其他能源基础上转化而来的能源形式,如汽油、电能等。

2.1.3.3 按能源利用度分类

有些能源形式的利用率高、利用技术相当成熟,像煤炭、石油等,这类能源称为常规能源;而有些能源形式并未被大规模应用或应用技术还有待提高,这类能源称为非常规能源或新能源,如生物质能、太阳能、核能、可燃冰等。

2.1.3.4 按能源能否重复利用分类

在能源家族中,有些能源被消耗后不能或在短期内不能重生称为非再生能源,如煤炭、石油、天然气等;而那些在消耗后能够再生的能源称为再生能源,如太阳能、风能、水能等。

因此,按不同的分类方法能源可以被分为不同种类,但每一种能源形式又不是完全独立的。最常用的能源分类方法如图 2-1 所示。

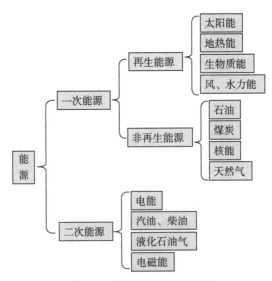

图 2-1 能源的分类示意图

2.2 以碳为主的能源

煤、石油和天然气是主要的常规能源,为人类文明的发展起到重大推动作用。碳是上述能源构成中的主要化学元素,经强烈氧化反应碳元素被转化为碳氧化物并释放出大量热以提供能量。在环境污染日益严重、环保理念渐入人心的时候,如何发挥化学在高效利用传统能源的同时又能保护环境中的作用,是当下人们急需解决的问题。

2.2.1 煤的高效利用

煤所蕴藏的能量就是植物光合作用所吸收的太阳能。煤是远古时代的植物经复杂化学、物理变化而转化成的固体燃料,其形成过程可简原描述为:植物→泥煤→褐煤→烟煤→无烟煤。煤主要由含 C、H、N、S 等的可燃物及灰分、水分等无机物组成。随煤化程度加深,固定碳成分增加,挥发成分减少。固定碳和挥发成分的比值称燃料比,燃料比越大则燃烧性越好,供能越高。我国既是煤炭生产大国也是消耗大国,全国每年能量消耗中约 70% 来自煤炭。若煤直接燃烧,其热效不高,燃烧产物中多含二氧化硫和氮氧化合物,排放至大气中易形成酸雨,造成环境污染。另外,煤中杂质也较多,燃烧效率低。因此,如何实现煤的高效、清洁燃烧是一个重要而又实际的问题。为减少煤燃烧过程中二氧化硫的产出,在粉煤中加入石灰石,其受热释放出的氧化钙(显碱性)能与酸性二氧化硫反应生成硫酸钙,从而达到脱硫目的。除直接燃烧外,还可采用烟煤气化、液化和焦化的化学转化手段,使其转化为洁净能源,在转化过程中产生的小分子化合物还可作为化工原料,从而实现了对煤的综合利用。

2.2.1.1 煤的气化

在特殊设备内,保持一定温度和压力,烧红的煤与气化剂(如水蒸气)发生反应产生了可燃性气体,这个过程称作煤的气化。相关反应如下:

$$C(s) + H_2O(g) = CO(g) + H_2(g)$$

$$C(s) + O_2(g) = CO_2(g)$$

$$C(s) + CO_2(g) = 2CO(g)$$

$$CO(g) + 3H_2(g) = CH_4(g) + H_2O(l)$$

$$CO_2(g) + 4H_2(g) = CH_4(g) + 2H_2O(l)$$

其中产物 CO、H_2、CH_4 也是燃料,可经管道输至车间、厨房。一般情况下,气化反应在气化炉内进行。

2.2.1.2 煤的液化

由于煤和石油均是由 C、H、O 等元素组成的,因此煤通过液化处理形成的液化油又称人造石油。煤的液化是将固体煤炭进行化学处理,从而转化为液体燃料、化工原料等材料的先进洁净煤技术。煤的液化属于化学变化过程。根据加工路线的不同,煤的液化可分为直接法和间接法两大类。直接法是将煤加热裂解,大分子变小,然后在一定温度、压力下,经催化加氢反应得到多种液体燃料;间接法是先将煤气化成 CO、H_2 等小分子,利用催化反应将其合成为各种可燃烷烃。净化、调整 CO 与 H_2 的比例,然后在一定温度、压力下经催化作用获得多种液体油。

2.2.1.3　煤的焦化

煤焦化是指煤在隔绝空气的密闭炼焦炉中进行加热分解的过程,又称煤炭高温干馏。煤的焦化可生成固态焦炭、液态焦油及气态焦炉气。经过焦化,煤中的各种成分均得到充分利用。焦炭主要用于炼铁及制作电石、电极等领域;煤焦油中的含芳香烃化合物,是重要的化工原料,经分离提纯后可用于医药、农药、炸药、染料、筑路等行业;焦炉气富含 CO、H_2S、H_2、CH_4、C_2H_4、C_6H_6、NH_3 等气体,均是重要化工原料。炼焦产品的质量与焦化温度有关,焦化温度可分为高温(1 000～1 100℃,产品主要是焦炭)、中温(750～800℃,产品主要是焦炉气)及低温(500～600℃,产品主要为焦油)。

2.2.2　石油的综合利用

石油素有"黑色的黄金""工业的血液"等盛名。自 20 世纪 50 年代起,石油成为世界能源消费结构中的"大户"并一直持续至今。石油是由远古时代江海湖泊中的动植物遗体在地表中经过漫长、复杂的化学、物理变化而形成的一种天然的棕黑色、黏稠可燃烃类液体混合物,其组成元素主要是碳和氢,除此之外还有少量氧、氮和硫等。相对于煤,原油含氢量高而含氧量较低。未经处理的石油称为原油,原油组成复杂,须经分馏、裂化、裂解、重整、精制等加工处理后才能被应用。在石化行业,常采用化学分馏技术将沸点不同的化合物在分馏塔中进行分馏,每种馏分仍是各种烃的混合物。通过分馏可得到油气资源,如石油气、轻油(溶剂油、汽油、煤油、柴油)和重油(润滑油、石蜡、沥青等)。

C_1～C_4 的石油气中既有饱和烃也有不饱烃,饱和烃以丁烷为主,即石油液化气。不饱和烃中的乙烯通过聚合可制成聚乙烯,用于塑料产品生产;乙烯通过催化氧化得到生产环氧树脂黏结剂的原料——环氧乙烷;丙烯通过聚合可生产出聚丙烯塑料、人造羊毛纤维等;丁烯经氧化脱氢后先制成丁二烯,再通过聚合生成顺丁橡胶。

为增加汽油为主的轻质燃料,需将重质油品转化为轻质油品,通过对大分子催化裂解可实现这一目的。在发动机中,汽油应在燃烧冲程中燃烧,但有些汽油在压缩过程即发生燃爆现象,这种非正常燃烧现象称为汽油的爆震性,而汽油的爆震性会降低汽油的使用效率。汽油的爆震性与油品成分密切相关,一般用辛烷值表示,而辛烷值是衡量汽油在气缸中抗爆震能力的一个数字指标,其值越高表示抗震性越好。汽油中成分是以 C_7～C_8 烷烃为主,而纯异辛烷(2,2,4-三甲基戊烷)的抗震性能最好,将其辛烷值定为 100,纯正庚烷的抗震性最差,将其辛烷值定为 0。为了向欧美国家车用油标准靠拢,以及减少机动车尾气排放,我国国家质量监督检验检疫总局和国家标准化管理委员会于 2013 年底联合发布我国第五阶段车用汽油国家标准——《车用汽油》(GB 17930—2013),将车用汽油牌号由原先的 90 号、93 号、97 号分别调整为 89 号、92号、95 号。以 92 号汽油为例,其辛烷值为 92,说明该汽油的抗爆震性与 92%体积的异辛烷和 8%体积的正庚烷混合物的抗爆震性能相当,而并非要求汽油里一定含有 92%体积的异辛烷。若在 1 L 汽油中加入 1 mL 四乙基铅($Pb(C_2H_5)_4$),其辛烷值可提高 10～12 个标号。

石油的催化重整是指在催化剂存在下使馏分中烃类分子结构发生原子重排,从而形成新分子的过程。该过程不仅可以提高汽油的辛烷值,也可用于石化产业中芳香烃原料的生产。常用催化剂有含 0.3%～0.6%Pt 的 $\gamma-Al_2O_3$、含 $CoMoO_4$ 的 $\gamma-Al_2O_3$ 及含 Cr_2O_3 的 $\gamma-Al_2O_3$ 等。

催化剂在重整过程中具有催化加氢和催化异构化两种功能。分馏、裂解所得油品中往往含有含 N、S 的杂环化合物,燃烧过程中会产生 NO_x、SO_2 等污染物,这些污染物在一定条件下又可与氢气反应生成 NH_3 和 H_2S,并使其与油品分离,这种提高油品的过程称为加氢精制。因此,在石油的整个炼制过程中,裂解、重整和加氢都离不开高效的催化技术。

2.2.3 天然气的综合利用

天然气常与石油伴生,煤田附近也有天然气。天然气通常是甲烷、乙烷和丙烷的混合物,该混合物以甲烷为主。天然气不含有毒的 CO,燃烧产物也仅是 CO_2 和 H_2O,且热值高,是一种优质能源。我国的"西气东输"工程就是要将西部储存丰富的天然气资源输送至东部供城市使用。

天然气除直接用作燃料外,还需进行化学转化,从而实现综合利用的目标。目前,已出现将天然气中的甲烷进行转化的两种途径:(1)直接转化,即将甲烷在不同反应条件和不同催化剂下直接转化为烯烃、甲醇和二甲醚等;(2)间接转化,即利用如下反应进行催化重整生成合成气,再将合成气中的 CO 和 H_2 合成为其他有利用价值的化工产品。

$$CH_4 + H_2O \longrightarrow CO + 3H_2$$
$$CH_4 + CO_2 \longrightarrow 2CO + 2H_2$$

页岩气是一种蕴藏于页岩层中、可供开采的天然气资源,成分以甲烷为主。全球页岩气资源非常丰富,据预测全世界页岩气资源量为 450 万亿立方米,主要分布在北美、中亚和中国、中东和北非、拉丁美洲、俄罗斯等国家和地区,该储量与常规天然气相当,而页岩气的资源潜力却大于常规天然气。世界上对页岩气资源的研究和勘探开发最早始于美国,美国依靠成熟的开发生产技术及完善的管网设施,使得页岩气开发成本仅略高于常规天然气的开发成本,从而使美国成为世界上唯一实现页岩气大规模、商业性开采的国家。

2012 年我国国土资源部油气研究中心发布的一份报告显示,我国页岩气预估资源总量为 134 万亿立方米,资源潜力与美国相近,但因其页岩气层深度较深且地质条件复杂,故开发难度较大。但是,国内对天然气的巨大需求(预计至 2020 年,我国对天然气的缺口量将达 1 300 亿立方米)将直接推动我国加快对页岩气的开发进程。因此,国家发改委和国家能源局早于 2009 年就出台了鼓励开发页岩气的相关政策,设立开发、勘探页岩气关键技术的研究项目,旨在加快开发页岩气资源的步伐。

2.3 化学电源

化学电源就是可实际使用的原电池,即将化学反应放在电池中完成,使化学能转变为电能。化学电源品种繁多,按其特点可分为一次电池、二次电池和燃料电池。

2.3.1 一次电池

一次电池是指将化学反应物放在电池中进行电化学放电,在电能全部被耗尽后不能再继续使用的一类电池。一次电池是日常生活中最常用的电池,如锌-锰干电池、锌-银纽扣电池、锌-汞电池等。

收音机、手电筒中主要使用干电池。酸性锌-锰干电池是以锌筒作为负极,并经汞齐化处理,使表面性质更为均匀,以减少锌的腐蚀,提高电池的蓄电性能,正极材料是由二氧化锰粉、氯化铵及炭黑组成的一个混合糊状物(图2-2)。正极材料中间插入一根碳棒,作为电流引出导体。在正极和负极之间有一层增强的隔离纸,该纸浸透了含有氯化铵和氯化锌的电解质溶液,金属锌的上部被密封。该电池电动势为1.5 V,其优点包括:(1)携带方便且原材料丰富、价格低廉;(2)型号多样化(1~5号);缺点是使用过程产生的 NH_3 易被碳棒吸

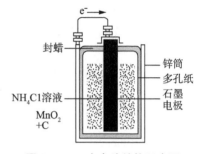

图 2-2　一次电池结构示意图

附,引发极化从而导致电动势下降,且放电功率低,比能量小,低温性能差(-20℃条件下不能工作)。在两极发生的反应如下:

$$负极:Zn + 2NH_4Cl \longrightarrow Zn(NH_3)_2Cl_2 + 2H^+ + 2e$$

$$正极:2MnO_2 + 2H_2O + 2e \longrightarrow 2MnO(OH) + 2OH^-$$

$$电池总反应:2MnO_2 + Zn + 2NH_4Cl \longrightarrow 2MnO(OH) + Zn(NH_3)_2Cl_2$$

碱性锌-锰电池采用高纯度、高活性的正、负极材料,用离子导电性强的碱作为电解质,使电化学反应面积成倍增长;它的特点包括:(1)开路电压为1.5V;(2)工作温度范围宽(-20~60℃),适于高寒地区作业;(3)能大电流连续放电,故其容量是酸性锌-锰干电池的5倍左右。

2.3.2　二次电池

二次电池,也称蓄电池,它是利用化学反应的可逆性,当一个化学反应正向反应完毕后,化学能转化为电能,然后利用电能使化学反应体系逆向进行,恢复初始状态后再利用化学反应转化为电能。由于电池可以重复使用,因此深受人们欢迎。

2.3.2.1　铅蓄电池

世界首个充电式电池是普兰特(Plante)于1859年发明,即铅蓄电池,后经不断改进,是目前二次电池使用最为广泛的电池之一,全球市场占有率七成以上。铅蓄电池可表示为 $Pb \mid H_2SO_4 \mid PbO_2$。其充放电过程中的两极反应及总反应如下:

$$负极:PbO_2 + HSO_4^- + 3H^+ + 2e \underset{充电}{\overset{放电}{\rightleftharpoons}} PbSO_4 \downarrow + H_2O$$

$$正极:Pb + HSO_4^- \underset{充电}{\overset{放电}{\rightleftharpoons}} PbSO_4 \downarrow + H^+ + 2e$$

$$电池总反应:Pb + PbO_2 + H_2SO_4 \underset{充电}{\overset{放电}{\rightleftharpoons}} 2PbSO_4 \downarrow + 2H_2O$$

单个铅蓄电池,开路电压为2.1 V,理论电容量为120 A·h/kg,充放电次数可达300次,在实际应用时,常设计成数个单电池的串联或并联组合。铅蓄电池具有电动势高、放电量较大、性能稳定、价格低廉等优点,因而广泛用于汽车工业、通信业和飞机等行业;其缺点是体积大而又笨重,且对环境会造成严重污染,故目前世界各国都在尽量减少其使用规模。

2.3.2.2 镍-镉电池

镍-镉电池最早应用于手机、超科等设备,放电时电压变化极小,是一种理想的直流供电电池,而且具有良好的大电流放电特性、耐过充、放电能力强、维护简单等优点。其充放电反应机理如下:

$$正极:NiO(OH)+H_2O+e \xrightleftharpoons[充电]{放电} Ni(OH)_2\downarrow +OH^-$$

$$负极:Cd+2OH^- \xrightleftharpoons[充电]{放电} Cd(OH)_2\downarrow +2e$$

$$电池总反应:NiO(OH)+Cd+2H_2O \xrightleftharpoons[充电]{放电} Ni(OH)_2\downarrow +Cd(OH)_2\downarrow$$

镍-镉电池却有个致命的缺点,即在充、放电过程中会出现严重的"记忆效应",使得使用寿命显著缩短。所谓"记忆效应"是指电池在并未完全放电的情况下进行充电,随着时间推移会导致电池容量降低。究其原因是在电池充放电的过程中(放电过程更明显),会在电池极板表面上产生小气泡,日积月累这些气泡减少了电池极板的面积,最终间接影响电池的容量。当然,采取合理的充、放电方法可以缓解电池的"记忆效应"。此外,镉是有毒金属,以及镍-镉电池的使用及处理会严重影响健康及环境,因此镍-镉电池会逐步退出历史舞台。

2.3.2.3 镍-氢电池

镍-氢电池是为顺应各种小型化、便携化电器的使用现状而诞生的,克服了其前身镍-镉电池的高污染性(镉有毒)、记忆效应(必须放电完全后再充电)和能量密度低的弱点,因此镍-氢电池可快速充、放电,无公害、无记忆效应且耐过充、放电能力强。

镍-氢电池以储氢合金(一般为稀土系合金)为负极,电解液多为 KOH 水溶液,且添加少量 LiOH。电池反应如下:

$$负极:MH + OH^- \longrightarrow M + H_2O + e$$
$$正极:NiO(OH) + H_2O + e \longrightarrow Ni(OH)_2\downarrow + OH^-$$
$$电池总反应:MH + NiO(OH) \longrightarrow Ni(OH)_2 + M$$

2.3.2.4 锂离子电池

可充电锂离子电池是目前手机、便携式电脑、照相机、心脏起搏器等电子设备应用最广泛的典型代表。锂离子电池以其体积小、便携、能量密度大、平均输出电压高、自放电小、无记忆效应及循环使用次数高(可反复充电 500~1 000 次)等特点备受青睐,更重要的是其不含有害物质,属绿色电池。锂离子电池以金属锂作负极,锂在二氧化锰中的嵌合物作为正极,电解液是无机盐(如 LiClO_4)与有机溶剂的混合液,电池反应如下:

$$负极:Li_xC_6 \longrightarrow xLi^+ + 6C + xe$$
$$正极:xLi^+ + MA_2 + xe \longrightarrow Li_xMA_2$$
$$电池总反应:Li_xC_6 + MA_2 \xrightleftharpoons[放电]{充电} Li_xMA_2 + 6C$$

2.3.3 燃料电池

燃料电池是一种主要通过氧或其他氧化剂进行氧化还原反应,把燃料中的化学能转换成电能的发电装置。它并非将燃料事先储存于电池当中,而是在电池工作过程中不断将其引入,反应产物被不断排出,因此燃料电池外表上看像是一个蓄电池,但实质上它并不能"储电",而更像一个小型"发电厂"。燃料电池因其高效、清洁及可靠性好等特点被认为是继水力发电、火力发电及核能发电后又一种获取电力的重要途径。目前,燃料电池已成功应用于汽车、摩托车、自行车及飞机等交通工具中。

燃料电池以可燃气体(还原剂)作为负极反应物质,以氧化剂(氧气、空气)作为正极反应物质。可用于燃料电池的可燃气体有氢气、甲烷、一氧化碳、甲醇、联氨等。以氢氧燃料电池为例,它的两个电极为多孔性石墨片,两电极间盛放 NaOH 溶液,H_2 和 O_2 连续不断地通入电极并扩散到电极孔中,通常两极还要辅以催化剂来加速反应的进行,电池反应如下:

$$负极:H_2(g) + 2OH^- \longrightarrow 2H_2O + 2e$$
$$正极:1/2O_2(g) + H_2O + 2e \longrightarrow 2OH^-$$
$$电池总反应:H_2(g) + 1/2O_2(g) \longrightarrow H_2O$$

2.4 核能

当前人类大量使用的能源形式仍是石油、煤、天然气等传统能源,上述传统能源的大规模使用会造成资源短缺及环境污染。为此,1987 年世界环境与发展委员会提出"可持续发展"概念,为实现世界的可持续发展,必须要找到能够替代传统能源的新能源形式,目前唯一能达到大规模商用的新能源当属核能。

核能主要依赖核裂变和核聚变两种方式来获得。核裂变是指重原子核发生链式裂变反应产生一系列较轻原子核的过程;核聚变是指两个较轻原子核重新整合在一起形成较重原子核的过程。这两种过程都伴随有巨大能量的释放。目前达到应用规模的核能形式是核裂变能,核能发电就是利用核反应堆中核裂变所释放出的热能而进行发电。核裂变是用中子轰击较重原子核使之分裂为较轻原子核的反应。目前应用核能发电的核燃料主要是铀-235,用慢中子轰击铀-235 可发生裂变反应:$^{235}_{92}U + ^{1}_{0}n$(慢)$\longrightarrow$各种碎片+中子,裂变产物非常复杂,有三十余种之多。1 g 铀-235 经核裂变可释放约 8×10^7 kJ 能量,折合标准煤相当于 2.7 吨,可见核能的巨大且广阔的应用前景。

核聚变反应,如 $^2_1H + ^3_1H \longrightarrow ^4_2He + ^1_0n$,该反应中蕴藏的能量更为丰富(1 g 核燃料约释放 3.4×10^8 kJ 能量,约为核裂变释放能量的 4 倍)。每升海水中含有 30 mg 氘,而这些氘聚变时释放出的能量相当于 300 升汽油燃烧的能量,而海水取之不尽用之不竭,因此具有广阔的开发前景。但是核聚变反应发生条件极为苛刻,如温度达到 1 亿度以上才会发生,而目前没有哪种材料能够承受如此高温。人类唯一应用核聚变的例子就是氢弹,所以能够商用的可控热核聚变在技术上还有许多难题需攻克,这是一条漫长而艰苦的发展之路。

核能发电具有众多优点:能量蕴藏量丰富、清洁能源、经济性高。然而人们在享受核能带来的巨量清洁能源的同时,也要警惕核泄漏带来的危害。2011 年 3 月 11 日,日本东北部海域发生里氏 9.0 级地震并引发海啸,造成重大人员伤亡和财产损失。除此之外,地震还造成日本福岛第一核电站 1~4 号机组发生核泄漏、爆炸事故,致使核电站附近 20 km 范围内的近 20 万居民被迫疏散,日本原子能安全保安院根据国际核事件分级表将福岛核事故定为最高级 7 级。当年 3 月 12 日福岛第一核电站外泄放射性碘的总量为 $3\times10^{16}\sim11\times10^{16}$ 贝克勒尔,此数值已超过美国三里岛核事故,而部分地区的土壤核污染水平,已与二十世纪八十年代发生在苏联的切尔诺贝利核事故相当(该事件导致当地此后 15 年内 6 万～8 万人死亡,约 14 万人遭受辐射疾病折磨,该事件至今还使事故地点 30 km 范围内处于人类无法生存的"不毛之地",也是迄今唯一一起严重程度高于日本福岛核事故的核灾难)。因此我们应从重大核事故中汲取经验与教训,构建更加完善的核电安全体系,有效保护环境与周边居民的安全。

2.5　其他新型绿色能源

人们在探寻可持续发展模式的同时,也在积极寻找除核能以外的其他新型能源,以满足社会发展的需求。太阳能、氢能、生物质能等能源的开发利用还处于初级阶段,尚有巨大潜能可以挖掘。

2.5.1　太阳能

地球上一切能源均源自太阳。太阳能(Solar Energy)通常是指太阳光的辐射能量。自地球形成以来,生物就主要以太阳提供的热和光生存,而自古人类也懂得以阳光晒干物件来保存食物,如晒制咸鱼干等。在化石燃料日趋减少、环境污染日益严重的背景下,太阳能已成为人类使用能源的重要组成部分,并不断得到发展。

太阳能最直接的利用方法就是利用光收集器将太阳光集聚,并运用其能量来加热物体而获得热能。太阳能热水器是最简单的集热器,由涂抹光热转换涂层(多为高分子化合物)的采热板及含保温材料的储水箱体构成,采热板采集阳光而转换成热量并将其传给水,产生热水。科学家们正积极研制能以更小接触面积获取更多热量的吸热涂层材料,从而提高光热转换效率。二十世纪八十年代,世界上已建成若干大型太阳能热发电站,如美国加州并网发电的太阳能热电厂装机容量达 350 MW,使得发电成本大幅下降。除运用适当的科技来收集太阳能外,建筑物亦可利用太阳的光和热能,方法是在设计时加入合适的装备,如修建巨型向阳窗户或使用能吸光并缓释太阳热能的建筑材料;海上太阳能项目——新型船舶先利用有关设备将阳光都自动聚集到甲板中心的中央,然后用热能加热发动机锅炉里的水,从而用产生的高温高压蒸汽推动发动机来提供动力。

太阳能利用的重要途径则是通过光电转换技术将太阳光蕴藏的能量转换为电力,这需要借助光伏板组件,其几乎以半导体基质(如 Si)制成的固体光伏电池组成,利用半导体材料吸收太阳辐射能后诱导电荷产生,即利用在空间电场下电荷分离的光伏效应,将太阳能转换成直流电的装置,所产生的直流电用蓄电池储备。1954 年美国贝尔实验室率先用单晶硅太阳能电池使太阳能转化为电能,转化效率约为 6%。简单的太阳能电池可为手表及微型电脑提供能源,较复杂的光伏系统可应用于房屋、路面照明及为交通信号灯和监控系统供电等。例如,太阳能路灯是一种利用太阳能作为能源的路灯(图 2-3),因不受供电限制、不开沟埋线、无须常规电源、不污染环境,因此受到人们广泛关注。太阳能路灯既可用于城镇公园、道路、草坪的照明,又可用于人口分布密度较小,交通不便经济不发达、缺乏常规燃料,难以用常规能源发电,但太阳能资源丰富的地区,从而解决这些地区人们的家用照明问题。

图 2-3　太阳能路灯示意图

如果按光电转化材料来分,太阳能电池可分为硅太阳能电池、化合物半导体太阳能电池、湿式太阳能电池和有机太阳能电池等。硅太阳能电池包括晶态(单晶和多晶)及非晶态(如 Si、SiC、SiN 和 SiSn 等)硅太阳能电池。目前单晶硅和多晶硅太阳能电池光电转化效率分别可达 15% 和 18%。单晶硅太阳能电池造价较高,主要用作卫星、空间航天器等的能源设备。化合物半导体太阳能电池包括 GaAs(砷化镓)、AlGaAs、InP、CdS、CdTe、$CuInSe_2$(铜铟硒)、$CMInS_2$ 等半导体太阳能电池。其中 GaAs、$CuInSe_2$、CdTe 等半导体太阳能电池光电转化效率可达 15%~30%。湿式太阳能电池有 TiO_2、GaAs、InP 和 Si 等太阳能电池。如纳米 TiO_2 太阳能电池的光电转化效率在 10% 以上。有机太阳能电池包括酞菁、聚乙炔等类型。但是,目前所有太阳能光电转化发电的成本较常规发电均要高出 3~5 倍,故影响了其推广普及。

2.5.2　可燃冰

天然气水合物(Natural Gas Hydrate,简称 Gas Hydrate)是分布于深海沉积物或永久冻土中,由天然气与水在高压低温条件下形成的类冰状的结晶物质。因其外观像冰一样且遇火燃烧(图 2-4),又被称作"可燃冰"或"气冰"。可燃冰分子结构就像一个个由若干水分子组成的笼子,笼中盛装天然气成分,但以甲烷为主,其结构如图 2-4 所示。可燃冰的形成须具备三个条件:温度、压力和气源。可燃冰在 0~10℃ 时生成,而海底、冻土层的温度一般低于 4℃,满足温度的要求;可燃冰在 0℃ 时只需 30 个大气压(1 个大气压=101 325 Pa)即可生成,而深海及永久冻土层很容易满足这样的中高压条件;海底及深层冻土层中富含有机物沉淀,其中的碳元素经过生物转化可形成充足的气源。海底、冻土层多为多孔介质,在温度、压力、气源三者都具备的条件下,可燃冰晶体就会在介质的空隙间生成。可燃冰燃烧后几乎不产生任何残渣且具有环境友好性。1 m³ 可燃冰可产出约 164 m³ 天然气和 0.8 m³ 水,极具开发潜质。全世界拥有的常规石油、天然气资源,将在数百年后逐渐枯竭,据预测,海底可燃冰分布的范围约 4 000 万平方千米,占海洋总面积的十分之一,其储量能满足目前人类使用 1 000 年,因而被誉为"未来能源"。

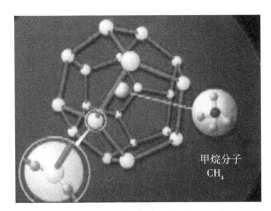

甲烷分子
CH₄

图 2-4 可燃冰结构示意图(左图)和可燃冰燃烧照片(右图)(图片源自百度)

1960 年,苏联在西伯利亚地区发现全球首个可燃冰藏,并于 1969 年投入商业开发。美国于 1969 年开始实施可燃冰调查,直至 1998 年才将可燃冰作为国家发展战略能源列入国家长期规划。2012 年初美国能源部在阿拉斯加地区的可燃冰研究取得了积极成果,其在阿拉斯加北坡发掘了可燃冰,并从中安全且有效地获得了稳定的天然气流。美国受此鼓舞,将进一步开发 14 个新的实验项目。日本经济产业省在 2001 年正式推行《日本可燃冰开采研发计划》,制定了为期 18 年的战略开发计划,并已成功于 2013 年 3 月在日本南海海槽可燃冰气田分离出天然气。中国对可燃冰的研究起步稍晚,自 1999 年开始对可燃冰开展实质性的调研,我国可燃冰资源主要分布在南海海域、东海海域、青藏高原冻土带以及东北冻土带等,据中国报告大厅消息,我国陆域远景可燃冰藏量约有 350 亿吨油当量,南海的可燃冰资源量约为 640 亿吨油当量。2009 年 6 月,我国在青海省祁连山南缘永久冻土带成功钻获可燃冰实物样品,成为世界上第一个在中低纬度冻土区发现可燃冰的国家。

可燃冰资源的开采有多种方法,常用的有:(1)热激发开采法,即对可燃冰带加热,使其温度超过平衡温度,从而促使可燃冰分解为水与天然气的开采方法。要想通过此法实现大规模开采必须要解决热利用效率低的问题。(2)减压开采法,是一种通过降低压力促使天然气水合物气水合物分解的开采方法。当然,只有当可燃冰藏位于温、压平衡边界附近时,减压法才具经济可行性。(3)化学试剂注入开采法,即通过向可燃冰层中注入化学试剂,如盐水、甲醇、乙二醇等,破坏物藏的相平衡条件,促使天然气水合物的分解。(4)CO_2 置换开采法。此法依据特定条件下,天然气水合物保持稳定需要的压力要高于 CO_2 水合物的压力,因此在某个压力范围内,天然气水合物分解而 CO_2 水合物则易形成并稳定存在。如果此时向可燃冰带内注入 CO_2 气体,CO_2 气体就可能与从可燃冰释放出的水作用生成 CO_2 水合物,而伴随该过程释放的能量可保证天然气水合物持续分解。(5)固体开采法,即直接采集海底固态可燃冰并将其运至浅水区进行分解。

2.5.3 生物质能

生物质能(Biomass Energy),就是太阳能以化学能形式储存在生物质中的能量形式。所谓生物质,是指利用大气、水、土壤等通过光合作用而产生的各种有机体,即一切有生命体征、可生长的有机物质通称为生物质,包括植物、动物和微生物等。生物质能的原始能量源于太阳,生物质能是太阳能的一种表现形式。生物质能蕴藏在植物、动物和微生物等生物体中,有机物中除矿物燃料以外的所有来源于动、植物的能源物质均属于生物质能,涵盖木材、森林废弃物、农业废弃物、城市和工业有机废弃物、动物粪便等。生物质能具有可再生、低污染、分布广等特点。据初步估计,全球每年经光合作用产生的物质有 1 730 亿吨,其中蕴含的能量相当于全世界能源消耗总量的 10～20 倍,但利用率还不足 3%,开发潜力巨大。

生物质能的利用主要有直接燃烧、热化学转换和生物化学转换三种途径。直接燃烧虽然利用率低,但短时期内仍是我国生物质能利用的主要方式,即便是使用节柴灶,其效率也不过 30%左右,并且对环境污染较大。生物质的热化学转换是指在一定温度和条件下,使生物质汽化、炭化、热解或催化液化,产生出气、液态燃料和化学物质的技术,即将生物能转化成化学能,再利用燃烧释放出来的热量,此举可大大提高使用效率。生物质的生物化学转换是经过发酵或高温热解等形式制造出甲醇、乙醇等液体燃料的技术,它包括生物质-沼气转换和生物质-乙醇转换等。在世界各地都有利用生物质能的例子,例如,在法国 Metz 建有利用生物质做原料的发热发电站,可供周边 30 000 用户使用;2015 年 10 月英国《金融时报》报道中国企业出资 20 亿英镑将在英国安格尔西岛和塔尔伯特港的废弃工业用地改造为"生态园",该生态园的电力源自环保的生物质能发电站,发电能力约 300 兆瓦,发电站产生的废热废气将用来养殖数千吨大虾、鱼和水栽蔬菜。

总之,能源的开发与利用直接关乎一个国家发展的兴衰,在开发新能源的同时要坚持节约的原则,要重视清洁能源、可再生能源的开发与利用,要鼓励创新型科技企业投入到能源开发、利用当中来,利用革新技术助推新能源的开发并提高能源的使用效率,只有坚持科技创新、资源合理配置才能保证经济、社会、环境协调统一发展。

电动汽车的"心脏"

在能源短缺、气候变化、环境恶化的社会大背景下,开发新型绿色能源已是大势所趋。在汽车领域也是如此。可喜的是目前电动汽车的发展迎来大机遇,各大汽车制造商均有涉足,并有不少电动汽车已上路行驶。现在电动汽车最大的弊端就是其续航能力还无法与现行的使用汽油或柴油的汽车相比,其发展绕不开电池的革新——即电动汽车的"心脏"问题,因此各大汽车制造商都在不断探索电动汽车的电池质量和电容量的问题。目前,市场上电动汽车的"心脏"主要有以下几种:

(1)铅酸蓄电池:铅酸蓄电池是最常见的电池,其主要优点是电压稳定、价格便宜,但其致命缺点是电容量低、使用寿命短、日常维护频繁及电池续航能力低等。目前,在我国铅酸蓄电池主要应用在低速电动汽车上,将其作为未来电动汽车的动力源有些不切实际。

(2)磷酸铁锂电池:磷酸铁锂电池属于锂离子二次电池,其放电效率较高,主要用作动力电池,其充放电效率可达到 90%以上,而铅酸电池一般约为 80%。而且磷酸铁锂电池的安全性也高于普通电池,理论寿命可达 8 年,实际使用寿命约 3～5 年,性价比较高。但其缺点是造价高,电池容量小(续行里程短),报废后无法回收利用。所以,由磷酸铁锂电池充当电动汽车的"心脏"会提高制造成本,其无法回收利用也不是很经济。

(3)磷酸铁锰锂电池:作为磷酸铁锂电池的改进型,2014 年比亚迪董事长王传福曾表示,比亚迪最新开发的磷酸铁锰锂电池突破了传统的磷酸铁锂电池的能量密度限制,达到了三元材料水平,成本控制上也比磷酸铁锂电池更加优秀,而且已经成功应用于比亚迪电动汽车上(比亚迪

—秦），其续航能力相较以前均有大幅度的提升，据国家工信部的相关数据，比亚迪-秦纯电动版汽车的续航能力可达 200 km。

（4）钴酸锂电池：2014 年特斯拉纯电动汽车 TESLA-Model S 首次登陆中国，其百公里加速只需 3.4 秒、最大续航里程达 480 km，令人惊讶不已，该车推向市场之后已取得不俗的销量。作为纯电动汽车，其电池自然是人们关注的焦点。TESLA-Model S 采用松下提供的钴酸锂电池—18650，单颗电池容量约为 3 100 毫安·时。TESLA 首次采用电池组战略，将数千个电池单元以砖、片形式逐一平均分配，最终组成一个电池包固定于车身底板。钴酸锂电池具有结构稳定、容量比高、综合性能突出等特点，但其安全性稍差，为此 TESLA 工程师在每个钴酸锂电池单元两端均安装保险丝，防止电池出现异常而影响到整个电池包的能效，事实证明此种电池安全解决方案较适合应用在纯电动汽车上。

第3章　化学与环境

进入 20 世纪之后,科学技术和社会生产的持续高速发展虽然给人类的物质生活带来了高度繁荣和舒适的享受,但同时也带来了生态破坏、环境污染、资源枯竭等问题。20 世纪中叶以来,人们在反思中重新认识了人与自然和谐发展的重要性,提出了"可持续性发展""适应科学""回归自然"等计划和构想。这些关系到人类自身安全和幸福的重要课题都与环境科学的研究,特别是与化学科学有密切的联系,关于引起环境污染的工农业生产中废弃物处理的都有赖于化学研究,故化学不应被"问责",而应将化学作为环境治理中的主要工具。

目前人类发现的元素已有一百多种,整个物质世界就是通过这些元素组合而成的。人类出现之后,人们能够有目的、有意识地改造自然,使物质世界按照自己的要求、趋向于使自己的生活更舒适美好的方向变化。人类社会赖以生存的基础就是物质资料的生产,而自然界中的物质有些可直接为人们所利用,如石油、煤等可直接作为燃料,有些则需要经过加工处理才能变成可直接利用的物质,如铁矿石只有经过冶炼才能成为用途极广的钢铁。那么从自然资源中提取有用物质的加工处理方法,就是化学的方法。可以想象,化学对人类的生存和社会的发展有着多么重大的意义。如果不对自然水加以纯化,如果不施用农药和化肥以增产粮食,如果不冶炼矿石以获取大量的金属,如果不从自然资源中提取千万种物质,如果不合成出自然界中所没有的许多新物质,那么人类的生活发展将无从谈起。

自然界的长期进化已经将各种元素和物质分配在了相应的位置,而生命的长期进化也适应了这样的一种分配,比如生命的维持需要大最液态水的存在,需要一定量的氧气,需要一定的微量元素,生物体可以非常容易地从自然界获得。但是人类改造自然的行为活动必然要改变这种分配,在工业革命之前,这种行为比较缓慢,自然界的自身调节能力能够容纳这种冲击,而工业革命之后,人类改造自然的行为无论在速度还是强度上都显著增强。而大量的物质也从其长期进化的位置流失到另一位置,但是生命的进化并没有随着这种速度而加快,这势必引起生命形式与自然界物质变迁的矛盾——污染。

研究环境污染及防治的科学环境科学涉及多个学科的研究,除化学外,还与生物学、生态学、人类学和社会学等学科有关,它主要研究的对象和内容是我们人类在对自然界开发利用的过程中所引起的问题及应对的方法。我们要想把握好环境问题这样一个复杂的对象,必须理解好下面三个对环境起着决定作用的过程:发生在自然界的自然过程(无人类干涉和参与);人类社会为了改变生活环境和自身命运通过一定的技术手段所进行的改造自然的活动;人类社会自身的发展对环境造成的冲击和影响。

3.1　水溶液、水污染及其防治

3.1.1　稀溶液的依数性及水溶液的酸碱性

3.1.1.1　稀溶液的依数性

冬天的一场大雪铺满了整条高速公路,高速公路不得不关闭,但道口处和还处于高速公路中的车辆却动弹不得,车上的人被冻得直发抖。养路工在高速公路上撒下一些白色的药剂。过了一段时间后,天虽然还很冷,但雪没有结冰,反而慢慢融化了,高速公路得以重新开放。养路工撒在公路上的白色药剂就是化学上常见的氯化钙或氯化钠,它与水形成溶液后可使水的凝固点明显下降,饱和氯化钙的凝固点是零下四十多度,怪不得雪很快融化了。

上述案例就用到了稀溶液依数性的知识。不同的溶质溶解在水或其他溶剂中所组成的溶液可以有不同的性质,例如溶液的颜色、体积、导电性、溶解度等的变化取决于溶质的本性;但是所有的溶液都具有一些通性,例如溶液的蒸气压、沸点,凝固点等的变化仅与溶质的粒子(分子或离子)数有关,而与溶质的本性无关,故称为依数性。这种依数性的定性结论是普遍适用的,但严格的定量关系式只适用于难挥发的非电解质稀溶液。稀溶液的依数性在工程技术中有广泛的应用,并体现在以下几个方面:

1. 溶剂的蒸气压下降

由于分子运动,液体分子的蒸发和气体分子在液面上的凝聚都存在,在一定温度下达到平衡。平衡时蒸发在气相中的溶剂分子所产生的压力叫饱和蒸气压。若液体中存在其他物质(溶质),溶质分子会占据一部分液体表面,减小了溶剂分子蒸发的速度,而气体分子的凝聚速度没有改变,当达到新的平衡时,气相中的溶剂分子比原纯溶剂有所减少,其蒸气压当然随之下降。其计算公式为:

$$\Delta p = p_A^{\ominus} n(B)/n$$

式中 $n(B)$ 表示溶质 B 的物质的量;$n(B)/n$ 表示溶质 B 的摩尔分数;$p_A^{\ominus}$ 表示纯溶剂的蒸气压。这个关系也称为拉乌尔定律。

2. 溶液沸点升高

恒定温度、压力下,液态物质吸热成为气态物质,我们称之为汽化,在敞口容器中加热液体,汽化先在液体表面发生,随着温度的升高,液体蒸气压将不断增大,当温度增加使液体蒸气压等于外界压力时,汽化不仅在液面上进行,也在液体内部发生(图 3-1)。内部液体的汽化产生大量的气泡上升至液面,气泡破裂而逸出液体,我们称此现象为沸腾,液体在沸腾时的温度即为液体的沸点(以符号 t_b 表示)。

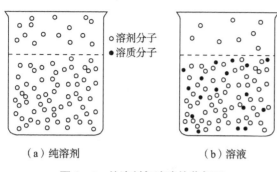

（a）纯溶剂　　　　　　（b）溶液

图 3-1　纯溶剂与溶液的蒸气压

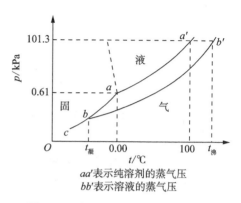

aa' 表示纯溶剂的蒸气压
bb' 表示溶液的蒸气压

图 3-2　水、冰和溶液的蒸气压曲线

如果在水中溶解了难挥发的溶质,其蒸气压就要下降(图 3-2)。溶液的蒸气压下降程度取决于溶液的浓度,而溶液的蒸气压下降又是沸点上升的根本原因。水溶液在 100℃时蒸气压就低于 101.325 kPa,要使溶液的蒸气压与外界压力相等,以使其沸腾,就必须把溶液的温度升高到 100℃以上。其计算公式为:

$$\Delta t_b = K_b^{\ominus} m$$

式中,$K_b^{\ominus}$ 叫作溶剂的沸点上升常数,与溶剂性质有关;m 为溶液的质量摩尔浓度,$mol \cdot kg^{-1}$,在稀溶液中与摩尔浓度数据接近。

3. 凝固点下降

凝固点就是固相与液相共存的温度,也就是固相蒸气压与液相蒸气压相等时的温度,常压下水和冰在 0℃时蒸气压相等(610.5 Pa),两相达成平衡,所以水的凝固点是 0℃。

水和冰在凝固点(0℃)时蒸气压相等(图 3-2),由于水溶液是溶剂水中加入了溶质,它的蒸气压曲线下降,冰的蒸气压曲线没有变化,造成溶液的蒸气压低于冰的蒸气压,在 0℃时冰与溶液不能共存,即溶液在 0℃时不能结冰,只有在更低的温度下才能使溶液的蒸气压与冰的蒸气压相等。

溶液的蒸气压下降程度取决于溶液的浓度,而溶液的蒸气压下降又是凝固点下降的根本原因。因此,溶液的凝固点下降必然与溶液的浓度有关。19 世纪的法国科学家拉乌尔用实验的方法确立了下列关系:溶液的沸点上升与凝固点下降与溶液的质量摩尔浓度成正比,故这个关系也称为拉乌尔定律,可用下式表示:

$$\Delta t_t = K_f^{\ominus} m$$

式中,$K_f^{\ominus}$ 叫作溶剂的凝固点下降常数,它取决于溶剂的特征,而与溶质的本性无关;m 为溶液的质量摩尔浓度。

4. 渗透压

溶液除了蒸气压下降、沸点上升和凝固点下降三种通性之外,还有一种通性也取决于溶液的浓度,这就是渗透压。

渗透必须通过一种膜来进行,这种膜上的孔只能允许溶剂分子透过,而不能允许溶质分子透过,因此叫作半透膜(如动植物细胞膜、胶棉、醋酸纤维膜等)。若被半透膜隔开的两边溶液的浓度不同,就会发生渗透现象。如图 3-3 所示用半透膜把溶液和纯溶剂隔开,这时溶剂分子在单位时间内进入溶液内的数目,要比溶液内的溶剂分子在同一时间内进入纯溶剂的数目多,那么会使得溶液的体积逐渐增大,垂直的细玻璃管中的液面逐渐上升。渗透是溶剂通过半透膜进入溶液的单方向扩散过程。

若要使膜内溶液与膜外纯溶剂的液面相平,即要使溶液的液面不上升,必须在溶液液面上增加一定压力。此时单位时间内,溶剂分子从两个相反的方向通过半透膜的数目彼此相等,即达到渗透平衡。这样,溶液液面上所增加的压力就是这个溶液的渗透压力。因此渗透压是为维持被半透膜所隔开的溶液与纯溶剂之间的渗透平衡而需要的额外压力。

如图3-4所示,描绘了一种测定渗透压装置的示意图,即在一只坚固(在逐渐加压时不会扩张或破裂)的容器里,溶液与纯水用半透膜隔开,溶剂有通过半透膜流入溶液的倾向。当压力施加于溶液上方的活塞时,为观察到溶液的转移,这时所必须施加的压力就是该溶液的渗透压,可以从与溶液相连接的压力计中读出。

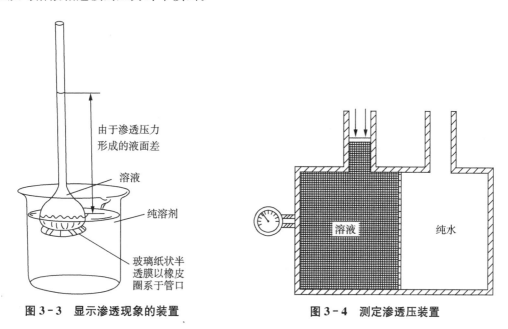

图3-3　显示渗透现象的装置　　　　图3-4　测定渗透压装置

当温度一定时,稀溶液的渗透压和溶液的质量摩尔浓度成正比;当浓度不变时,其渗透压与绝对温度成正比(测定装置见图3-4)。若以 η 表示渗透压,c 表示浓度(注意单位是 $mol \cdot m^{-3}$),T 表示热力学温度,n 表示溶质的物质的量,V 表示溶液的体积(单位是 m^3),则它们之间的关系如下:

$$\eta = cRT = nRT/V$$
$$\eta V = nRT$$

渗透压在生物学中具有重要的意义,有机体的细胞膜大多具有半透膜的性质,因此渗透压是引起水在动植物中运动的主要力量。当我们吃了过咸的食物或在强烈的排汗以后,由于组织中的渗透压升高,就会有口渴的感觉,饮水可减少组织中可溶物的浓度,而使渗透压降低。海水鱼和淡水鱼不能交换生活环境,因为海水鱼体细胞中的细胞液盐的浓度高于淡水鱼体中盐的浓度,若将海水鱼放置在淡水中,则由于渗透作用,水进入鱼细胞壁,以致鱼细胞内液体过多,导致细胞壁胀破,因此海水鱼不能生活在淡水中。反之,若将淡水鱼放置在海水中,鱼体内的水分将向海水渗透,鱼细胞萎缩,所以淡水鱼也不能生活在海水中。

工业上常常利用渗透的对立面——反渗透来为人类服务。所谓反渗透,就是在溶液中施加一个额外的压力,如果这个压力超过了溶液的渗透压,那么溶液中的溶剂分子就会透过半透膜向纯溶剂一方渗透,使溶剂体积增加,这一过程叫作反渗透。

反渗透原理在工业废水处理、海水淡化、浓缩溶液等方面都有广泛应用。用反渗透法来淡化海水所需要的能量仅为蒸馏法的30%,目前已成为一些海岛(如我国的西沙永兴岛)、远洋客轮、某些缺少饮用淡水的国家获得淡水的方法。在国际太空站,工作人员每天饮用的淡水,如用航天飞机或飞船运送上去则成本高昂(每千克折合消耗约2.6万美元),现在通过反渗透装置,可把排泄出的液体重新变为淡水,从而成为真正的"太空水"。利用反渗透法处理无机废水,去除率可高达90%以上,有的竟高达99%。对于含有机物的废水,有机物的去除率也在80%以上。

3.1.1.2 水溶液的酸碱性及表示

1. 电解质的解离

人们对酸碱的认识经历了一个由浅入深、由感性到理性的漫长过程。最初,人们对酸碱认识只单纯地限于从物质所表现出的性质上来区分酸碱的,认为具有酸味、能使蓝色石蕊试纸变红的物质是酸;涩味、滑腻感,能使红色石蕊试纸变蓝,并能与酸反应生成盐和水的物质是碱。随着人们对物质本质的认识不断深化,又提出了电解质理论及酸碱理论。电解质是指在溶液或熔融态时能导电的化合物。其导电的原因是该化合物解离成能自由移动的阴、阳离子。这类化合物主要是酸、碱和盐。酸是解离出的阳离子全是 H^+ 的电解质,碱是解离出的阴离子全是 OH^- 的电解质。而盐是酸碱中和的产物,可解离出金属离子和酸根离子。

2. 水溶液的酸碱性

在生产和生活中,溶液的酸碱性是很重要的性质。溶液的酸碱性主要取决于溶液中 H^+ 的浓度。由于水本身也是电解质,能微弱地解离出 H^+ 和 OH^-,故在水溶液中,H^+ 和 OH^- 是共生的,根据化学平衡理论,H^+ 和 OH^- 浓度乘积是一常数 $K_\omega^\ominus$,称为水的离子积常数。在常温下,该常数为 10^{-14}。

$$K_\omega^\ominus = c(H^+)c(OH^-) = 10^{-14}$$

从上式可知,H^+ 和 OH^- 浓度是"此消彼长"的。很多溶液中的 H^+ 浓度比较低,用物质的量浓度表示不方便,常用其负对数即 pH 来表示。

$$pH = -\lg c(H^+)$$

溶液的酸碱性与 pH 值的关系为:

酸性溶液	$c(H^+) < 10^{-7}$ mol·L^{-1}	pH < 7
中性溶液	$c(H^+) = 10^{-7}$ mol·L^{-1}	pH = 7
碱性溶液	$c(H^+) > 10^{-7}$ mol·L^{-1}	pH > 7

可见,pH 越小,溶液的酸性越强;反之,pH 越大,溶液的碱性越强。果汁、可乐一般是酸性的,如柠檬汁的 pH 为2~3;洗涤剂、面碱是碱性的,如肥皂水的 pH 为10~11。

3. 缓冲溶液介绍

在1升中性即 pH=7 的水溶液中,滴入极少量的酸或碱,如加入0.1 mmol 的盐酸(约2滴1 mol·L^{-1}的盐酸),通过计算或测定可知其 pH 会变为4,明显呈酸性;若滴加的是2滴同样浓度的强碱,pH 则变为10,明显呈碱性。少量酸碱的加入可使水溶液的 pH 发生明显变化。对于某些工业生产或人体生理的实际案例,pH 的大幅度变化会造成严重后果。

若溶液的 pH 不因外加少量的酸、碱而发生明显的变化,则这种溶液就是缓冲溶液。缓冲溶液一般有弱酸-弱酸盐、弱碱-弱碱盐混合溶液组成,也有正盐和它的酸式盐等组成。以弱酸-弱酸盐为例,其机理是溶液中同时存在较高浓度的弱酸和酸根离子,当有少量酸加入时,其酸根离子(称抗酸因子)立即与 H^+ 结合,生成难解离的弱电解质,H^+ 浓度几乎未增加,故 pH 不变;当有少量碱加入时,较高浓度的弱酸(称抗碱因子)立即与少量碱发生中和反应,OH^- 浓度几乎未增加,故 pH 不变。

3.1.2 水污染

众所周知,细胞是生命存在形式的基本单元之一,而细胞内至少含有 60％的水才能维持生命活动的正常进行,所以水是地球上生命存在不可缺少的物质,这与它独特的物理性质是分不开的。水在常温下是液态,它能够溶解大部分无机盐和生命必需的营养品,能够携带这些物质运输到生物体所需要的部位。而且,水的热容比较大,地球上大量的水可以调节气候和温度,使水的存在状态不至于变化太大,这也是生命存在的必需条件。在工业社会中,想避免水体完全不受污染是不可能的,我们必须减少污染,使大自然有能力容纳并处理污染物,尽量使生物圈不受到其影响。人类的活动会使大量的工业、农业和生活废弃物排入水中,使水受到污染。目前,全世界每年约有 4 200 多亿立方米的污水排入江河湖海,会污染约5.5万亿立方米的淡水,这相当于全球径流总量的 14％以上。1984 年颁布的中华人民共和国水污染防治法中对“水污染”有明确的定义,即水体因某种物质的介入,而导致其化学、物理、生物或者放射性等方面特征改变,从而影响水的有效利用,危害人体健康或者破坏生态环境,造成水质恶化的现象称为水污染。

3.1.2.1 水污染原因

1. 农业原因

传统的农业社会中土地资源开发有限,使用的肥料也都是天然的、非化学合成的。然而随着人口的增长,这种模式不能再维持整个人类群体的生存,只能通过化学肥料和农药来增加产量,从而满足社会和人类的需要。在农业生产方面,喷洒农药和施用化肥,一般只有少量附着或施用于农作物上,其余绝大部分残留在土壤和飘浮在大气中,通过降雨、沉降和径流的冲刷而进入地表水或地下水,经过年复一年的长期积累,势必对水体造成污染。另外,集中化的畜牧业,如大型家畜饲养场,会产生各种排泄物的排放,这也是造成水体污染的重要原因。

2. 工业原因

自工业革命之后,许多大工厂如雨后春笋般迅速成长起来,工业废水量成倍增加,主要包括采矿及选矿废水、金属冶炼废水、炼焦煤气废水、机械加工废水、石油及化工废水、造纸印染及食品工业废水等,它们通过不同的渠道将生产后遗留的废物排到水体中,这些废物包括有机物、石油废料、金属、酸等。

3. 生活废水

城镇生活污水也是目前造成污染的一个重要原因,占污染总量的 54％,但目前污水治理仍处于较低水平,大城市生活污水的处理率不到 30％,很多县城和乡镇的污水则未经处理。另外,除大型企业和城市污水处理厂的处理工艺较为先进外,大量的中小企业废水处理工艺还处于较为落后的水平。上述问题都直接影响废水长期稳定的处理效果。

3.1.2.2 几种常见的水污染

在自然环境中,不可能存在化学概念上的纯水,当天然水受到有毒、有害、物质的污染后,水质会变坏。常见的污染有以下几种。

1. 酸、碱、盐等无机物污染

污染水体的酸类物质的来源有硫化矿物,因自然氧化作用产生的酸性矿山排水和各种工业废水。许多化工生产要排出酸性废水,而冶金厂、机械厂的酸洗工序也是水体酸污染的污染源。

造纸、制碱、制革、炼油等工业废水是水体碱污染的重要来源。

水体被酸、碱、盐污染后,pH 会发生变化。当 pH 小于 6.5 或大于 8.5 时,水中微生物的生长会受到抑制,降低了水体的自净能力。在酸性水中,会增加对排水管道及船舶的腐蚀,碱性水长期灌溉农田将会使土质盐碱化,导致农作物减产。水体中含盐量高,会增大水的渗透压,影响淡水中水生动、植物的生长,加速土壤盐碱化。

在无机污染物中,危害最大的是氰化物。含氰废水来自电镀、焦化、冶金、金属加工、农药、化工等部门。氰化物在水中主要以简单盐类及金属配合物的形式存在,除铁氰配合物较稳定、毒性较小外,其他氰化物均容易产生毒性极大的 CN^-。氰化物被人体吸收后,将引起缺氧窒息而导致死亡。

另外,含磷洗涤剂会使水体富营养化,导致藻类大量繁殖,造成水体恶化。

2. 重金属污染

对水体造成污染的重金属有 Hg、Cd、Cr、Pb、V、Co、Ni、Cu、Zn、Sn 等,其中以汞、镉、铬、铅的毒性最大。非金属砷的毒性与重金属相似,常把它和重金属放在一起讨论。由于这些重金属具有优良的物理、化学特性,在人类的生产和生活中具有广泛的用途,但在其开采、冶炼、生产及使用过程中可能随废渣、废水、废气排放到环境中来,因此有色金属矿山、冶炼厂、机械厂、电镀厂、化工厂、电器厂等可能是重金属污染的污染源。

(1)汞(Hg)。金属汞及其许多化合物对人体都是有毒的。汞中毒会造成神经系统损害,以及染色体变异而造成胎儿缺陷等。汞中毒以甲基汞最为严重。

(2)镉(Cd)。

在第二次世界大战期间,日本富山县神岗矿区在开发一个铅锌矿时,把含镉的废渣堆放在露天的广场上。经过长时间的雨水浸淋,镉随着污水渗入地层,并流入江河湖泊或田里,使大面积的土壤受到了污染,土壤中的镉又被植物吸收而富集。当人吃了这种植物后,镉就在人体内产生累积。十几年之后,这个地区就出现了一种怪病,因为不明病因也从未见过此病,所以一律都叫"骨痛病",后来把病人的骨头作了光谱分析,发现这些病人的骨头中镉的含量特别高,由此才知道镉对人体的伤害会这么大。

镉急性中毒症状包括高血压、肾脏、肝脏损害,以及血红细胞破坏等。镉可取代某些酶中的锌,改变酶的立体结构并削弱其催化活性,最终导致疾病。

2013 年《南方日报》以"湖南问题大米流向广东餐桌"为题,报道了湖南一些镉超标大米进入广东市场的消息。该报道称,2009 年深圳市粮食集团有限公司从湖南某地采购了上万吨大米,经检验该批大米质量不合格,其中重金属镉含量超标。据分析,湖南是我国著名的重金属矿区,某些矿区由于长期无序开发,大量含镉的尾矿随意堆放,经雨水浸淋后流入农田,造成土壤污染,那么种植在被污染的土壤上的稻米的含镉量当然会超标,这种大米肯定不能食用。

(3)铅(Pb)。急性人体铅中毒会引起严重的肾、生殖系统、肝、脑和中枢神经系统机能障碍,导致疾病和死亡。

(4)铬(Cr)。通常认为+5 价铬的化合物的毒性最大。铬的化合物以多种形式危害人体健康,常引起全身中毒,并有致癌性。接触含铬的废水,会引起皮肤疾病,它对自然水中的动、植物危害极大。

(5) 砷(As)。它是致癌元素,通常有 +3 价、+5 价两种氧化态,其中以 +3 价氧化态的砷毒性最大,如三氧化二砷(俗称砒霜)的致死量仅为 0.1 g。

3. 有机物污染

有机污染物包括酚类、醛类、糖类、多糖类、蛋白质及油类等,大量存在于许多工业废水中,难以分别测定和处理。它们在水中被分解(或称降解)时,要消耗大量的溶解氧。酚类污染物主要来源于焦化厂、炼油厂等,侵入人体皮肤、黏膜、呼吸道后会使细胞变性;难降解的有机氯通过"食物链"能在生物体内长期积累,导致中毒;泄漏的石油覆盖于水面后会使水中缺氧,造成水生生物的大量死亡。

4. 热污染

向水体排放大量温度较高的废水,使水体因温度上升而造成一系列的危害被称为热污染。火力发电厂、核电站及许多工厂的冷却水是水体热污染的主要来源。热污染会给水生生物带来极为不良的后果,对鱼类影响最大,不少鱼类在热污染情况下无法生存。水温升高,会使水中溶解氧减少,加速细菌繁殖,助长水草丛生,加速嗜氧微生物对有机物的分解,导致水中溶解氧越来越少,甚至会发生水质腐败现象。

热污染的危害近年才逐渐被人们所认识。为控制热污染,应当进一步提高热转换效率,改进冷却方式,并充分利用余热。

3.1.3 评价水质的工业标准

水质的优劣取决于水中所含杂质的种类和数量。我们可以通过一些水质指标来评价水质的优劣,判断它是否能满足生活用水和各类企业用水对水质的要求。

1. 浑浊度

水中含有悬浮物质就会产生浑浊现象,水的浑浊程度以"浑浊度"来度量,它是用待测水样与标准比浊液比较而得到的。浑浊度是从外观上判断水是否纯净的主要指标。

2. 电导率

电导率表示水导电能力的大小,间接反映出水中含盐量的多少。水中溶解的离子浓度越大,电荷越多,温度越高,则其导电能力越强,电导率越大。电导率的单位为西(门子)每米,符号是 $S \cdot m^{-1}(\Omega^{-1} \cdot m^{-1})$。有时也用电阻率来表示水的导电能力,电阻率为电导率的倒数,单位为 $\Omega \cdot m$。

3. pH

pH 对水中许多杂质的存在形态和水质控制过程都有影响。不同的用水场合对 pH 有一定的要求,如电站锅炉给水要求 pH 为 8.5~9.4。

4. 硬度

水中所含 Ca^{2+}、Mg^{2+} 的总量称为水的总硬度,简称硬度,它是表示水中结垢物质含量的指标。我国目前采用德国的标准,该方法是:将水中的 Ca^{2+}、Mg^{2+} 都看作 Ca^{2+} 离子,并将其折算成 CaO 的质量,1 L 水中含有 10 mg CaO 称为 1 度,大于 8 度的水为硬水。江、河水都流经地表,溶解了一定量 Ca^{2+}、Mg^{2+},都有一定的硬度,地下水、海水的硬度更大。硬度还可分为碳酸盐硬度和非碳酸盐硬度两个部分。

碳酸盐硬度本来是钙、镁的碳酸盐和碳酸氢盐含量的总和,但是钙、镁碳酸盐的溶解度都比较小,天然水中常不含碳酸盐,所以可将碳酸盐硬度看成水中钙、镁碳酸氢盐的含量。因水煮沸后,它们可被沉淀去除,故常称为暂时硬度。

钙、镁的氯化物、硫酸盐等的含量称为非碳酸盐硬度,因其长时间煮沸也不能去除,故又称为永久硬度。

我国东南沿海地区的河水硬度较低,而西北地区的河水硬度较大;在天然水中,钙硬度约占全硬度的 70% 左右。

5. 耗氧量

耗氧量是指在水中发生的化学或生物化学氧化还原反应所消耗氧化剂或溶解氧的能力。由于天然水中耗氧最大的是各种有机物,所以它间接地反映了水中有机物的含量,而耗氧量越多,水被有机物污染的程度就越严重。湖泊、水库中所含的磷、氮在水体中大量蓄积后会促进藻类的迅速繁殖,藻类繁殖和生长过程中会大量消耗水体中的氧气,导致鱼类因缺氧而死亡,水体变黑、变臭,这种污染被称为"富营养化",而江、河、湖泊的富营养化又称为"水华"。相应地,海洋的富营养化称为"赤潮"。湖泊发生严重"水华"时,水面上会漂浮一层蓝、绿色如油漆状的藻类。我国南方地区的一些湖泊、水库在每年 5~9 月容易发生"水华"。2006 年曾因太湖发生大面积蓝藻,沿湖的无锡市断水近一周。因此,为了保护环境,建议大家尽量减少含磷洗衣粉、洗涤剂的使用,推广使用无磷洗衣粉。

耗氧量通常用两个参数来表示,即 BOD 和 COD。

(1) 生化需氧量(BOD)。水中有机物质在有氧条件下被微生物分解,在此过程中所消耗的溶解氧量叫作生化需氧量(或生化耗氧量,以 BOD 表示)。这个参数,通常是将水样在 20℃ 条件下微生物培养 5 天后,通过测定溶解氧消耗量来确定的,以 BOD_5 表示。

(2) 化学需氧量(化学耗氧量,COD)。当废水中含有机物质时,用强氧化剂重铬酸钾处理水样,由所消耗氧化剂的量,即可算出水中有机物质被氧化所消耗的溶解氧量,以氧的 $mg \cdot dm^{-3}$ 表示,称为化学需氧量(或化学耗氧量,以 COD 表示)。BOD 虽然能较真实地反映水质情况,但测定 BOD 既费时又麻烦,故在实际工作中常采用化学需氧量(COD)。

水质指标有时还会用到总需氧量(TOD)、溶解氧(DO)、总有机碳量(TOC)等参数。

6. 微生物学指标

水受到人畜粪便、生活污水的污染时,水中细菌含量大增。检测水中细菌总数和大肠杆菌群数可间接判断水质受粪便污染的情况。

以上各项仅是评价水质的主要指标。此外,作为无机有毒物质的氯化物、锡、汞、铬、铅、砷,作为有机有毒物质的酚类化合物、DDT、六六六等在水中都有严格的含量限制指标(见 GB/T14848—93)。

另外根据地面水域使用目的和保护目标可把水划分为以下五类:

Ⅰ类主要适用于源头水、国家自然保护区。

Ⅱ类主要适用于集中式生活饮用水水源地一级保护区、珍贵鱼类保护区、鱼虾产卵场等。

Ⅲ类主要适用于集中式生活饮用水水源地二级保护区、一般鱼类保护区及游泳区。

Ⅳ类主要适用于一般工业用水区及人体非直接接触的娱乐用水区。

Ⅴ类主要适用于农业用水区及一般景观要求水域。

3.1.4 水污染的化学治理及生物处理

人们的生活、生产始终离不开水,因此对污水的有效治理,不仅有利于全民的身体健康,而且对水资源匮乏的我国而言,也是开辟新型水资源的一条重要途径。我国每年约有 1 300 亿立方米污水,其中 80% 以上未经处理就直接排放。如果把其中的 50% 加以净化,就会有 600 多亿立方米的水可再利用,这比黄河的年径流量 500 亿立方米还要大。遗憾的是,污水净化再利用在我国还没有提升到应有的高度,并且发展很不平衡。水利部发布的 1999 年水资源公报显示,全国污水处理回用量只有 19 亿立方米,仅占全国总供水量的 0.34%,虽然之后几年污水处理回用量有很大的增加,如 2010 年的北京污水处理回用量已达到 109 亿立方米,但比起发达国家还有很大差距。如在以色列,废水利用率已达到 70%。根据废水性质的不同,处理方法也各有不同,一般有如下方法。

3.1.4.1 化学中和

中和法是利用碱性药剂或酸性药剂将废水从酸性或碱性调整到中性附近的一类处理方法。在工业废水处理中,中和处理既可以作为主要的处理单元,也可以作为预处理。酸性废水中常见的酸性物质有硫酸、硝酸、盐酸、氢氟酸、磷酸等无机酸及醋酸、甲酸、柠檬酸等有机酸,并常溶解有金属盐。碱性废水中常见的碱性物质有苛性钠、碳酸钠、硫化钠及胺类等。

工业废水中所含酸(或碱)的量往往相差很大,因而有不同的处理方法。酸含量大于 5%~10% 的高浓度含酸废水,称为废酸液;碱含量大于 3%~5% 的高浓度含碱废水,常称为废碱液。对于这类废酸液、废碱液,可因地制宜采用特殊的方法回收其中的酸和碱,或进行综合利用。例如,用蒸发浓缩法回收苛性钠,用扩散渗析法回收钢铁酸洗废液中的硫酸,并利用钢铁酸洗废液作为制造硫酸亚铁、氧化铁红、聚合硫酸铁的原料等。对于酸含量小于 5%~10%,或碱含量小于 3%~5% 的低浓度酸性废水或碱性废水,由于其中酸、碱含量低,回收价值不大,故常采用中和法处理,使其达到排放要求。

此外,还有一种与中和处理法相类似的处理操作,即为了某种需要,将废水的 pH 值调整到某特定值(或范围),这种处理操作叫 pH 值调节。若将 pH 值由中性或酸性调至碱性,称为碱化;若将 pH 值由中性或碱性调至酸性,称为酸化。

3.1.4.2 化学沉淀

化学沉淀法是指向废水中添加某些化学药剂(沉淀剂),使之与废水中溶解态的污染物直接发生化学反应,形成难溶的固体生成物,然后进行固液分离,从而除去水中污染物的一种处理方法。

废水中的重金属离子(如汞、铝、镉、锌、镍、铬、铁、铜等离子)、碱土金属(如钙和镁)及某些非金属(如砷、氟、硫、硼等非金属)均可通过化学沉淀法去除,某些有机污染物亦可通过化学沉淀法去除。

化学沉淀法的工艺过程通常包括:①添加化学沉淀剂,使之与水中污染物反应,生成难溶的沉淀物而析出。②通过凝聚、沉降、过滤、离心等步骤进行固液分离。③泥渣的处理和回收利用。

化学沉淀的基本过程是难溶电解质的沉淀析出,其溶解度大小与溶质本性、温度、同离子效应、沉淀颗粒的大小及晶型等有关。在废水处理中,根据沉淀溶解平衡移动的一般原理,可利用过量投药、防止配合、沉淀转化、分步沉淀等方法来提高处理效率,回收有用物质。

3.1.4.3 氧化还原

通过药剂与污染物的氧化还原反应,把废水中有毒害的污染物转化为无毒或微毒物质的处理方法称为氧化还原法。废水中的有机污染物及还原性无机离子(如 CN^-、S^{2-}、Fe^{2+}、Mn^{2+} 等)都可通过氧化法消除其危害,而废水中的许多重金属离子(如汞、铬、铜、银、金、铅、镍等离子)可通过还原法去除。

废水处理中最常用的氧化剂是空气、臭氧、氯气、次氯酸钠及漂白粉等;常用的还原剂有硫酸亚铁、亚硫酸氢钠、硼氢化钠、铁屑等。在电解氧化还原法中,电解槽的阳极可作为氧化剂,阴极可作为还原剂。

投药氧化还原法的工艺过程及设备比较简单,通常只需一个反应池,若有沉淀物生成,还需进行固液分离及泥渣处理。

3.1.4.4 离子交换

离子交换的两个作用是:去除水中的硬度离子(Ca^{2+},Mg^{2+}),称为水的软化;降低水中的含盐量,称为水的除盐。近年来离子交换法在处理工业废水的金属离子方面也获得了较广泛的应用。离子交换剂包括:天然沸石、人造沸石、离子交换树脂等,特别是离子交换树脂应用最多。按照所交换离子的种类,离子交换剂可分为阳离子交换剂和阴离子交换剂两大类,如天然或人造沸石是阳离子交换剂。下面将详细介绍离子交换树脂。

离子交换树脂是人工合成的有机高分子电解质凝胶,其内部有一个立体的海绵状结构作为其骨架,上面结合着相当数量的活性离子交换基团。树脂置于水中,其骨架中充满水分。离子交换基团在水中电离成两部分,一是固定部分,仍与骨架牢固结合,不能自由移动;二是活动部分,能在一定范围内自由移动,称为可交换离子。离子交换树脂的制备方法有两类:一类是由带离解基团的高分子电解质直接聚合而成;另一类是先由有机高分子单体聚合成树脂骨架后再导入离解基团。

污水实际进行处理时,由于各种废水成分复杂,具体处理方法也各不相同。目前,城市污水处理步骤主要包括:一级、二级和三级处理。一级处理通常采用物理方法,一般是用格栅、沉淀和浮选等步骤清除污水中的难溶性固体物质;二级处理是通过微生物的代谢作用,将废水中复杂的有机物降解成简单的物质,主要方法有活性污泥法和生物过滤法;三级处理也称深度污水处理,仍需要多种工艺流程,如曝气、吸附、化学凝聚和沉淀、离子交换、电渗析、反渗透、氯消毒等,作深度处理和净化。

3.1.4.5 生物处理

通过微生物的代谢作用,使废水中呈溶液、胶体以及微细悬浮状态的有机污染物质转化为稳定、无害的物质,从而使污水得到净化。可分为好氧生物处理法和厌氧生物处理法。由于城市污水的主要污染物是有机物,故采用活性污泥法进行生活污水处理的污水处理厂占多数。

菌类、藻类和原生动物等微生物,具有很强的吸附、氧化、分解有机污染物的能力,但它们处理废物的过程中对氧的要求各不相同。好氧处理是需氧处理,厌氧处理则是在无氧条件下进行的。生化处理法是废水处理中,应用时间最早、范围最广且相当有效的一种方法,特别适用于处理有机污水。

实际处理中,有时需要几种方法配合使用。污水处理工艺应根据污水水质特性、排放水质要求,以及当地的用地、气候、经济等实际情况,经全面的技术经济考量后再优选确定。

3.2 大气污染及其防治

地球的大气一般是由 78% 的氮气、20% 的氧气、1% 的二氧化碳及其他气体组成的。由于重力的作用,这些气体都分布在地球的周围,距离地球越远,气体越稀薄。经过长期的进化,地球上的生命形式已适应了这种分布和分配方式,形成了一个和谐统一的自然整体。比如动物吸入氧气,呼出二氧化碳,而植物恰好相反。近年来,人类社会在不断发展过程中,打破了自然平衡并引起了生态破坏。我国北方多个工业化城市的大气污染已到了相当严重的程度,如因大气污染严重,中国西部某城市曾被称为"看不见的城市",有人曾戏称美国侦察卫星很长一段时间都无法拍到该该城全城的清晰照片,还以为我国有城市隐藏技术。洛杉矶时报曾报道说,该城的200 万市民天天忍受着恶劣的环境,吸口气就像抽了一包烟似的,因为空气中含有大量的煤灰、汽车废气和尘土。

3.2.1 大气主要污染物

从化学角度来分析,大气污染物主要包括 8 类:含硫化合物、碳的氧化物、含氮化合物、烃类化合物、卤素及其化合物、颗粒物质(煤尘、粉尘及金属微粒)、农药和放射性物质。其中又可分为一次污染物(原发性污染物)和二次污染物(继发性污染物)。直接从各类污染源排出的物质称为一次污染物。这中间又有反应性物质和非反应性物质之分。前者不稳定,在大气中常与其他污染物发生化学反应,或作为催化剂促进其他污染物之间发生化学反应。后者不发生反应或反应速度缓慢,是较为稳定的物质。二次污染物是指不稳定的一次污染物与大气中原有成分发生反应,或者污染物之间相互反应而生成的一系列新的污染物质,如 H_2S、SO_2 和 NO 等被氧化而生成新的污染物,NO_2 和 HNO_3 就是由 NO 被氧化而生成的。下面介绍几种主要污染物。

3.2.1.1 PM2.5

2013 年以来,中国重度雾霾污染的天数激增,污染范围也不断增加。雾霾成为"上口率"最高的词语,人们也越来越关注 PM2.5 对人类的危害,那么 PM2.5 到底是什么意思呢?

PM 是英语"Particulate matter"的缩写,意为"细微颗粒物"。2.5 指的是颗粒物的直径,其单位为微米。空气中颗粒物很多,稍大的颗粒物能被人体器官中的某些物质挡住,如鼻毛能挡住 PM75～PM100,鼻腔黏膜细胞的细密纤毛能挡住 PM50,可"吸入颗粒物"PM10 能被咽喉表面分泌的黏液黏住,但上呼吸道系统挡不住 PM2.5,它们可以一路下行,进入细支气管、肺泡,再通过肺泡进入毛细血管,进而进入整个血液循环系统。

PM2.5 携带了许多有害的无机和有机分子,众所周知,细菌是很多疾病的致病之源,细菌也是微米级,与 PM2.5 处于同一数量级。细菌进入血液后,血液中的巨噬细胞(免疫细胞的一种)就会像"老虎吃鸡"一样立即把它吞下,使其不能令人生病。当 PM2.5 进入血液后,血液中的巨噬细胞以为它是细菌,也会立即把它吞下。细菌是生命体,巨噬细胞吞下了无生命的PM2.5,如同"老虎吞石头",无法消化,最终会被"噎死"。巨噬细胞大量减少后,人的免疫力就显著下降。不仅如此,被"噎死"的巨噬细胞还会释放出有害物质,导致细胞及组织的炎症。因

此,PM2.5 对人体的危害非常大,主要有以下几点:

(1) 引发呼吸道阻塞或炎症。75％的 PM2.5 及以下的微粒在肺泡内的沉积,就像眼睛进入沙子一样会引起炎症。

(2) 致病微生物、化学污染物、油烟等可"搭顺风车"进入体内而致癌。另外,PM2.5 还像可以自由进入呼吸系统的车厢,其他致病物质如细菌、病毒等也可"搭顺风车"进入呼吸系统深处,造成感染。如细颗粒物释放细胞因子引起血管损伤,最终导致血栓的形成。

(3) PM2.5 可通过气血交换进入血管,引起细胞炎性损伤。

3.2.1.2 含硫化合物

大多数含硫化合物对环境都有着直接或间接的危害,大气中含硫化合物主要有二氧化硫和三氧化硫。火力发电厂的燃煤是大气含硫化合物的主要来源,石油加工和金属冶炼过程中也产生含硫化合物。

当含硫燃料燃烧时,硫就转化成二氧化硫排到大气中。二氧化硫有刺鼻的臭味,能够引起急性呼吸道疾病。它还能够跟水、氧气、空气中的其他物质作用生成含硫的酸,这种酸能够吸附在粉尘上,如果被吸入人体的话将会损害肺部组织,硫氧化物随雨水落下就有可能形成酸雨(pH 小于 5.7),我国是世界上二氧化硫最大排放国,也是酸雨的最大受害国。

3.2.1.3 含碳化合物

大气中含碳化合物主要有二氧化碳、一氧化碳和各种碳氢化合物。

1. 二氧化碳(CO_2)

二氧化碳是一种无色无味无毒的温室气体,它在碳循环中扮演着重要角色,而且它几乎在所有生物中都起着重要的作用。

从 19 世纪工业革命以来,大气中 CO_2 的浓度已增加了 25％,并且还在增加,大地反射热量被 CO_2"劫持",从而导致了气温不断升高,即"温室效应"不断加强,进而使全球气候不断恶化。值得警惕的是,目前我国是全球第二大 CO_2 排放国。

2. 一氧化碳(CO)

一氧化碳是有机物如汽油、煤、木材和废物在不完全燃烧的情况下生成的。城市里的一氧化碳大部分是由汽车尾气产生的。尽管近年来研究者试图通过增加燃料的有效利用率、提高催化剂的转化率等措施来减少一氧化碳的排放,但由于汽车总量在不断增加,所以该问题并没有得到有效的解决。

另外一个产生一氧化碳的来源在于吸烟。目前,在很多公共场所已经禁止或限制吸烟,如在办公楼、火车、教室等都已经禁烟或专门设置了吸烟区。虽然世界上发达国家香烟的总消费量已经在减少,但发展中国家的香烟消费总量仍很高,不过中国很多人已经意识到烟并不是生活的必需品。

幸运的是一氧化碳并不是一种永久性的污染物,自然过程可以将一氧化碳转化为无毒的化合物,所以只要控制住污染源,就可以解决该问题。

3. 碳氢化合物

除了一氧化碳,汽车还排放出一系列的碳氢化合物。碳氢化合物是一类有机物,是由碳原子和氢原子的不同组合形成的分子。它们或在给汽车添加汽油时蒸发至空气中,或因汽油的不完全燃烧而产生。空气中的碳氢化合物引起的问题并不大,因为只要一下雨它们就会随着雨水落到地面,空气就会被"自动清洁"。但问题是碳氢化合物会在地面上聚集起来,从而造成二次污染。目前,对汽车内燃机的改造及催化剂的使用已经减少了大气中碳氢化合物的排放。

CH_4也是重要的温室气体,其温室效应比 CO_2 大 26 倍。目前,全球大气中 CH_4 的浓度已达 1.7 g/m^3,仅次于 CO_2 的浓度,并且每年以 1.1% 的速度在递增。

3.2.1.4　氮氧化合物

一氧化氮和二氧化氮是氮氧化合物系列中最常见的两种。当空气中发生燃烧时,一氧化氮和二氧化氮就会生成,反应式如下:

$$N_2 + O_2 \longrightarrow 2NO$$
$$2NO + O_2 \longrightarrow 2NO_2$$

氮氧化合物一级污染的主要来源是汽车内燃机的运转,尽管在技术上已经减少了一氧化氮和二级化氮的排放,但是由于交通堵塞的日益严重,所以由一氧化氮和二氧化氮引起的污染并没有得到很好的解决。氮氧化合物的"名声"非常差,这是因为它们与大气二级污染产生的光化学烟雾有关。大气二级污染是由引起一级污染的各种物质相互作用产生的。光化学烟雾就是由一氧化氮和二氧化氮跟紫外线作用后形成的混合物,臭氧和硝酸过氧化乙酰是该作用过程中形成的两种产物,它们都是很强的氧化剂,也就意味着它们能与很多物质发生反应,包括生物,这样就会带来破坏性的结果。臭氧特别具有破坏性,因为它能够与叶绿素作用,还会损害肺部组织,而硝酸过氧化乙酰会对眼睛造成很大的伤害。上述反应过程包括:

$$NO_2 \longrightarrow NO + O$$
$$O_2 + O \longrightarrow O_3$$

不过,由于臭氧可以同碳氢化合物相互作用生成硝酸过氧化酰,如通过污染控制来减少空气中碳氢化合物的排放,进而减小光化学烟雾形成的可能性。当形成光化学烟雾之后,臭氧和硝酸过氧化乙酰与生物体或其他物质作用后,转变成不活拨的物质,这样光化学烟雾最终也会消失。

3.2.1.5　含卤素化合物

大气中气态卤化物主要是卤代烃,氟氯烃类化合物(CFCs)主要应用于冰箱和空调的制冷剂、喷雾器中的推进剂、溶剂和塑料发泡剂等,它们既是重要的温室气体,更是破坏大气臭氧层的元凶。CFCs 能在大气对流层中停留 50~100 年,每个从 CFCs 分解出来的氯原子能破坏几十万个臭氧分子,科学家从 1985 年开始发现南极上空出现了臭氧浓度异常低区,即"臭氧层空洞"。臭氧减少会直接导致紫外线几乎直射到地面,从而引起地球出现大面积的干旱,以及增加人类皮肤癌的患病率。

3.2.1.6　PX 项目之争

一提到 PX,人们就十分恐惧,以为它就代表着污染、致癌,其实 PX 对人体健康的危害指标与汽油、酒精同级,且缺乏对人体致癌性的直接证据。2014 年初的"茂名 PX 事件"余波未平,清华大学化工系学生在百度百科上捍卫 PX 词条的举动,再次将 PX 之争引向关于毒性与安全性的话题讨论。

PX 项目,即对二甲苯化工项目。PX 是英文 *p*-Xylene 的简写,其中文名是 1,4 -二甲苯(对二甲苯),常温下以液态存在、无色透明、气味芬芳,属于芳香烃的一种,是化工生产中非常重要的原料之一,常用于生产塑料、聚酯纤维和薄膜。除此之外,PX 还是染料、涂料、农药等的生产原料。在生产 PX 和后续产品过程中,每一步骤都环环相扣,都发生在一个名为"芳烃联合装置"的整套设备里。由于这一系列工艺都需要用大量水,再加上为了便于运输,因此 PX 项目多依水而建,而这些地方往往都是资源丰富、人口稠密的经济发达地区。

在国外,PX项目并不像在我国这样会遭遇居民的集体抵制,有些项目甚至被居民区所环绕,如德国路德维西港巴斯夫石化基地与曼海姆市仅隔着一条莱茵河,它们运行、发展了多年,也没出现过大的环境风险事故。其实,能"和平相处"的原因也很简单,主要包括:一是居民知情权得到了充分保障,项目上马之前会和居民充分沟通,居民很清楚一些潜在危险,生产过程中居民也可以参观,并建立了专门的项目数据库,居民可获得自己想要的任何安全信息;二是政府的公信力很强,只要项目通过政府的环境安全评测,民众一般没有异议;三是企业高度重视安全营运,不仅全员开展各种与安全相关的教育训练,而且设有专职的"安全工程师",还有详细的应急预案。

3.2.2 大气污染的化学治理

3.2.2.1 化学吸收/吸附

吸收是气体混合物的一种或多种组分溶解于选定的液体吸收剂中(通常为水溶液),或者与吸收剂中的组分发生选择性化学反应,从而从气流中分离出来的操作过程。

能够用吸收法净化的气态污染物主要包括 SO_2、H_2S、HF、NH_3 和 NO_x 等无机类污染物,对于有机类污染物,也可用吸收法净化,但应用的较少,且多用于水溶性有机物的吸收净化。用吸收法净化气态污染物,要求具有处理气体量大、吸收组分浓度低及吸收效果和吸收速率较高等特点,所以采用一般简单的物理吸收不能满足要求、故多采用化学吸收过程。如用碱性溶液或浆液吸收燃烧烟气中的低浓度 SO_2 过程等。

另外,需要净化的气体成分往往比较复杂,例如燃烧烟气中除含有机物外,还含有 NO_x、CO 和烟尘等,会给吸收过程带来困难。多数情况下,吸收过程仅是将污染物由气相转为液相,还需对吸收液进一步处理,以避免造成二次污染。气体吸附同样是大气污染治理的一种重要方法。在用多孔性固体物质处理流体混合物时,流体中的某一组分或某些组分可被吸引到固体表面并在表面浓集,此现象称为吸附。吸附应用于大气污染控制工程的一个实例是低浓度气体和蒸气从废气中通过将其附着到多孔固体表面而除去。选择合适的吸附剂及废气与吸附剂间的接触时间,可以达到很高的净化效率,此外吸附过程也有可能提供被吸附物质(吸附质)的经济回收。气体吸附的工业应用有:恶臭气味的控制,苯、乙醛、三氯乙烯、氟利昂等挥发性有机蒸气的回收以及工艺过程气流的干燥。

3.2.2.2 化学燃烧

燃烧法主要用于治理挥发性有机化合物。燃烧可用于控制恶臭、破坏有毒有害物质、减少光化学反应物的量等。另外,一些含有易燃固体和液滴微粒的废气有时可用气体燃烧炉来处理。挥发性有机化合物可以是高浓度的气流(如炼油厂排出的尾气),或是与空气混合的低浓度混合气流(如来自油漆干燥或印刷行业的尾气)。对大体积流量、间歇性、高浓度的挥发性有机化合物气流,通常采用冷凝法或高架火炬来处置。对于低浓度的情况,则有两种燃烧处置方法可供选择:热焚烧和催化焚烧。

可替代燃烧的方法是通过压缩、冷凝、活性炭吸附等方法回收有机蒸气,或采用伴随回收及化学氧化的液体吸收法。燃烧的主要优点是具有很高的效率,如果能在足够高的温度下保持足够长的时间,有机物可被充分氧化。例如,若要求将排放气中的有机物降到很低的水平,只有燃烧法才能达到这样严格的要求(去除率达到 99.95%)。

燃烧法的主要缺点是燃料费用高,而且某些污染物的燃烧产物自身又是污染物。例如,氯碳氢化合物燃烧时,会产生 HCl 或 Cl_2,或者两者的混合物,仍需要对燃烧尾气进行处置。

3.2.2.3 冷凝法

冷凝法多用于废弃有机物蒸气的回收。利用冷凝的方法能使高浓度的有机物得以回收,但对于更高的净化要求,则室温下的冷却水是不能达到的。净化要求越高,所需冷却的温度愈低,必要时还得增大压力,这样就会增加处理的难度和费用,因而冷凝法往往与吸附、燃烧和其他净化手段联合使用,以提高回收净化效果。冷凝法常被用来回收有价值的污染物,例如氯碱厂副产物氢气中的汞蒸气可先冷凝回收,再利用其他方法进一步净化,从而回收水银;沥青氧化尾气也是先冷凝回收有机油,再送去燃烧净化的。另外,在某些情况下,还可采用低温冷冻水或制冷剂的冷凝法,并把它作为一种有效的净化方法单独使用。

3.2.2.4 对 PM2.5 的防护

1. 外出时佩戴专业防尘口罩

对于 PM2.5 的防护,常规口罩一般不会起到有效作用,因为颗粒物太细小,只有 KN90,KN95,N95 级别的专业防尘口罩才能有效过滤这类细颗粒物,同时还要选择适合自己的口罩,避免因尺寸不合而导致吸入污染物。另外,外出归来后应立即清洗面部及裸露的肌肤。

2. 多喝桐桔梗茶、桐参茶、桐桔梗颗粒、桔梗汤等"清肺除尘"茶饮

桐桔梗茶有清火滤肺尘的功能,能加强肺泡细胞排出有毒细颗粒物的能力,从而协助人体排出体内积聚的 PM2.5 颗粒物及其他有害物质。

3. 室内防 PM2.5 方法

(1)过滤法。包括使用空调、加湿器、空气清新器等家用电器,优点是可明显降低室内空气中 PM2.5 的浓度,缺点是电器的相关滤膜需要定时清洗或更换。

(2)水吸附法。家中没有超声雾化器、室内水帘、水池、鱼缸等,能够吸收空气中具有亲水性的 PM2.5,缺点是会增加室内空气湿度,具有憎水性的 PM2.5 不能有效去除。

(3)植物吸收法。植物叶片具有较大的表面积,能够吸收有害气体和吸附 PM2.5,优点是能产生有利气体,缺点是吸收效率低,某些植物甚至会产生对人体有害的气体。

3.3 固体废弃物污染的化学治理

3.3.1 固体废弃物的类型和成分

按照城市固体废物产生的原因可将其分为以下四类:

3.3.1.1 工业固体废弃物

工业固体废弃物是在工业生产和加工过程中产生的,包括排入环境的各种废渣、污泥、粉尘等。工业固体废弃物如果没有严格按环保标准和要求处理,对土地资源、水资源会造成严重污染。

3.3.1.2 危险固体废弃物

危险固体废弃物特指有害废物,具有易燃性、腐蚀性、反应性、传染性、毒性、放射性等特性,产生于各种有危险废物产生的生产企业。从危险废物的特性看,它对人体健康和环境保护潜伏着巨大危害,可使严重疾病的发病率增高,当管理不善时会给人类健康或环境造成重大危害。

3.3.1.3 医疗废弃物

医疗废弃物是指医疗卫生机构在医疗、预防、保健以及其他相关活动中产生的具有直接或间接感染性、毒性以及其他危害性的废物,主要有五类:一是感染性废物,二是病理性废物,三是损伤性废物,四是药物性废物,五是化学性废物。

3.3.1.4 城市生活垃圾

城市生活垃圾指在城市日常生活中或为城市日常生活提供服务的活动中产生的固体废物,主要包括有机类生活垃圾,如瓜果皮、剩菜剩饭;无机类生活垃圾,如废纸、饮料罐、废金属等;有害类生活垃圾,如废电池、荧光灯管、过期药品等。

3.3.1.5 放射性污染物

放射性污染物来源分为自然因素与人为因素两种,前者包括宇宙自然本身的辐射及地球本身的游离辐射;后者包括应用放射性物质,如能源、医学、工业及核子试爆等方面而产生的放射性污染物质。人为放射性污染可分为原子能工业排放的放射性废物,核武器试验的沉降物,以及医疗、科研排出的含有放射性物质的废水、废气、废渣等。

3.3.2 固体废弃物的危害

3.3.2.1 对土壤的污染

固体废物长期露天堆放后,其有害成分在地表径流和雨水的淋溶、渗透作用下通过土壤孔隙向四周和纵深的土壤迁移。在迁移过程中,有害成分要经受土壤的吸附和其他作用。通常,由于土壤的吸附能力和吸附容量很大,随着渗滤水的迁移,使有害成分在土壤固相中呈现不同程度的积累,导致土壤成分和结构的改变,植物又是生长在土壤中,间接又对植物产生了污染,有些土地甚至无法耕种。

例如,德国某冶金厂附近的土壤被有色冶炼废渣污染,土壤上生长的植物体内含锌量为一般植物的 26~80 倍,含铅量超标 80~260 倍,含铜量超标 30~50 倍,如果人吃了这样的植物,就会引起许多疾病。

3.3.2.2 对大气的污染

废物中的细粒、粉末随风扬散;在废物运输及处理过程中缺少相应的防护和净化设施,释放有害气体和粉尘;堆放和填埋的废物以及渗入土壤的废物,经挥发和反应放出有害气体,都会污染大气并使大气质量下降。例如:焚烧炉运行时会排出颗粒物、酸性气体、未燃尽的废物、重金属与微量有机化合物等。石油化工厂油渣露天堆置,则会有一定数量的多环芳烃生成且挥发进入大气中。填埋在地下的有机废物发生分解,会产生大量二氧化碳、甲烷(填埋场气体)等气体,如果不妥善管理就会引起严重后果,如引发火灾甚至发生爆炸。例如,美国旧金山南 40 英里(1 英里=1.609 千米)处的山景市将海岸圆形剧场建在该城旧垃圾掩埋场上。在 1986 年 10 月的一次演唱会中,一名观众用打火机点烟,结果一道 5 英尺(1 英尺=0.304 8 米)长的火焰冲向天空,烧着了附近一位女士的头发,险些酿成火灾。事后经调查,这正是从掩埋场冒出的甲烷气体把打火机的星星火苗转变成了熊熊大火。

3.3.2.3 对水体的污染

如果将有害废物直接排入江、河、湖、海等地,或是露天堆放的废物被地表径流携带进入水体,或是飘入空中的细小颗粒,通过降雨的冲洗沉积和凝雨沉积以及重力沉降和干沉积而落入地表水系,水体都可溶解出有害成分的毒害生物,还会造成水体严重缺氧,富营养化,导致鱼类死亡等。

有些未经处理的垃圾填埋场或是垃圾箱,经雨水的淋滤作用或废物的生化降解作用,会产生沥滤液,这种沥滤液含有高浓度悬浮固态物和各种有机与无机成分。如果这种沥滤液进入地下水或浅蓄水层,问题就变得难以控制,因为稀释与清除地下水中的沥滤液比地表水要慢许多,它可以使地下水不能饮用而使一个地区变得不能居住。最著名的例子是美国的洛维运河,起初该地有大量居民居住,后来当该地区建立了废物处理场后,附近的居民的健康受到了严重影响,纷纷逃离此地,而使此地变得毫无生气。

某些国家将工业废物、污泥与挖掘泥沙倾倒在海洋中,这对海洋环境造成了严重影响。有些向海洋倾倒废物的地区已出现了生态体系的破坏,如固定栖息的动物群体数量减少。这是由于来自污泥中过量的碳与营养物可能会导致海洋浮游生物大量繁殖、富营养化和缺氧。而微生物群落的变化,会影响以微生物群落为食的鱼类的数量减少。另外,从污泥中释放出来的病原体、工业废物释放出的有毒物对海洋中的生物有致毒作用,这些有毒物再经生物积累可以转移到人体中,并最终影响人类健康。

丢入海洋里的塑料对海洋环境危害也很大,因为它对海洋生物是最为有害的。如海洋哺乳动物、鱼、海鸟以及海龟都会受到海洋中废弃渔网缠绕的危险,如果潜水员被缠住就会有生命危险。废弃渔网还会危害通行船只的安全,如缠绕推进器。塑料袋与包装袋能缠住海洋哺乳动物和鱼类,当动物长大后会缠得更紧,限制它们的活动、呼吸与捕食。而饮料桶上的塑料圈对鸟类、小鱼会造成同样的危害。海龟、哺乳动物和鸟类也会因吞食塑料盒、塑料膜、包装袋等而窒息死亡。最新报道发现,某海鸟食道中的残留物有 25％含有塑料微粒。此外,塑料也是一种激素类物质,它能破坏生物的繁殖能力等。

3.3.2.4 对人体的危害

生活在环境中的人,以大气、水、土壤为媒介,可以将环境中的有害废物直接由呼吸道、消化道或皮肤摄入人体,使人致病。一个典型例子就是美国的腊芙运河(Love Canal)污染事件:20世纪 40 年代美国一家化学公司利用腊芙运河来填埋生产的有机氯农药、塑料等残余有害废物,共计约 2×10^4 吨,掩埋 10 余年后在该地区陆续发生了一些如井水变臭、婴儿畸形、人患怪病等现象,经化验分析,当地空气、用作水源的地下水和土壤中都含有六六六、三氯苯、三氯乙烯、二氯苯酚等 82 种有毒化学物质,其中列在美国环保局最高等级污染物清单上的就有 27 种,被怀疑是人类致癌物质的多达 11 种。许多住宅的地下室和周围庭院里渗进了有毒化学浸出液,迫使当时的美国总统在 1978 年 8 月宣布该地区处于"卫生紧急状态",近千户居民被迫搬迁,造成了极大的社会问题和经济损失。

3.3.3 固体废弃物的处理

固体废弃物是困扰当今社会发展的重大环境问题,针对固体废弃物必须进行科学处理,使其变为无害,或者减小其有害程度。现在处理的方法有填埋法、焚烧法和资源化法。

3.3.3.1 填埋法

填埋法就是采用防渗、压实、覆盖的方法处理固体废弃物。其技术要求低、投资小,因此被我国大量采用,但是垃圾填埋是不符合我国国情的一种处理方法,因为垃圾填埋将浪费大量的土地,且面对越来越多的垃圾,仅用填埋处理将难以为继。

3.3.3.2 焚烧法

焚烧法是对固体废弃物在高温下燃烧的处理方法,使垃圾在焚烧炉内经过高温分解和深度氧化,从而达到大量削减固体量的目的,并将垃圾焚烧的热量回收利用。该法有许多优点,如减容大、无害化、速度快、成本低、能源化等。目前,上海市便在浦东新区建立了一座"垃圾发电厂"。

3.3.3.3 资源化

将固体废弃物进行资源化,虽然总体上成本较高,技术较复杂,但目前发达国家垃圾资源化率已超过 50%。资源化即通过高温、低温、压力、电力、过滤等物理方法和化学方法对垃圾进行加工,使之重新成为资源。一方面解决了垃圾成灾、污染严重的问题,同时也另辟蹊径,开发了新的资源。

固体废弃物的资源回收是先把垃圾粉碎,通过回收流水线把垃圾碎片进行分类,然后再回收利用。如用磁场"捕获"的金属粒子可重新回炉冶炼金属,大量建筑垃圾可重新用作建材,有机纤维类可用来造纸等。针对生活垃圾,可以先用发酵法使之产生沼气来发电,剩余固体可作为有机肥或饲料。如上海宝山钢铁厂利用生产后产生的钢渣来制造优质水泥,并将其用于防腐要求甚高的东海大桥的建设。

3.3.4 化学对环境保护的其他作用

化学还具有治理环境的职能,这是由于通过化学能够认识环境物质的化学组成和迁移规律,及其对人类和生态环境的化学污染效应,从而能够使污染物的分子发生化学转化,进行"无害化"的处理,这是其他学科难以做到的。例如,致癌的多环烃等碳氢物可转化为无毒的二氧化碳和水,剧毒的氰化物在高压处理后可以转化为无害的二氧化碳和氮气,从而把有害的加工工艺改造成"无害工艺",例如"干法造纸""酶法脱毛""无排放镀铬"等。此外,化学不仅能够使有害物质无害化,而且还能使有害物质有利化,变害为利。例如过去的石油只能用来提取煤油,而把汽油和重油当成废物或有害物丢弃,但是随后由于"内燃机"的出现和化学工业的发展,而使汽油一跃成为宝贵燃料,并使重油成为制取柴油、润滑油、沥青、石蜡以及裂化汽油的宝贵原料。此外,炼油废气经化学处理后可以转化成塑料、纤维、橡胶等各种有用材料。因此,从化学转化的观点来说,一切物质都是有用的,一切"害物"或"废物"都可转化为无害的有用物质,从而能够在改善环境的同时,创造巨大的物质财富。综上所述,化学在治理环境中具有其他学科所难以起到的独一无二的作用,即能进一步从宏观到微观地精细考察污染物的存在状态、内在结构及其环境效应,揭示污染过程的机理和规律,为环境治理提供理论依据。

实际上,环境问题归根到底还是一个能源问题,这是由于环境污染问题的产生就是某些物质出现在了"不该出现"的地方,如果有足够的能源将这些物质放回到合理的位置,从而与大自然和谐相处,那么环境问题就可迎刃而解。因此,我们需要开发经济合理的清洁能源,并利用好化学这柄双刃剑,不断地发展新的化学技术和工艺,这样既能够有效解决环境问题,又能促进人类社会继续发展。

日本水俣病事件

二十世纪五十年代初,日本水俣镇出现了一种怪病,病症最初出现在猫身上,被称为"猫舞蹈症"。病猫步态不稳,抽搐、麻痹,甚至跳海而亡,被称为"自杀猫"。此后,1953年,镇上也出现了一些生怪病的人,初期口齿不清、走路不稳、面部痴呆,进而眼瞎、耳聋、全身麻痹,最后精神失常,一会儿酣睡,一会儿兴奋过度,严重者身体呈弯弓状嚎叫而死。直到1954年5月,数名相同病症的人入院治疗才引起当地熊本大学医学院的重视。经调查,1956年日本食物中毒委员会将这种怪病命名为"水俣病",并认为这与当地重金属汞中毒有关,而最直接的证据来自病死者、鱼体和周边日本氮肥厂排污管道出口附近所发现的甲基汞。原来,镇上的日本氮肥厂将大量含汞废水直接排放到水俣湾和附近的海里,汞被鱼吸收之后在体内累积形成甲基汞,人和猫吃了这种毒鱼后便致病死亡。由于当地政府怕影响经济发展,迟迟不肯将事实真相公之于众,直至1968年日本氮肥厂停止直排含汞废水,而在此期间"水俣病"在当地不断蔓延。目前已知的水俣镇受害老人数多达1万,而死亡人数超过10%,相关的经济赔偿直到1997年5月才全部到位。"水俣病"也给日本带来了巨大的经济损失,为治理水俣湾的生态环境,日本政府耗费约485亿日元,花了14年的时间将水俣湾深挖4米,才将含汞淤泥彻底清除。

第 4 章　化学与材料

人类社会的每一次进步,都伴随着材料科学的新发现与巨大进步,从远古时代冷兵器的出现,到近代火药的发明,各种交通工具的变革,航天科技的发展,以及各种新式武器的出现,无一不是材料科学取得突破性进展的结果,而每一次材料学的突破,都伴随着化学制备技术的进一步发展与更新,因此化学与材料两者的发展互为促进,缺一不可,本章将带领大家领略材料科学领域的内容。

4.1　材料简介

材料是能为人类制造有用物的物质。其发展过程大致可以分为以下几个阶段:远古时代,人类最早使用的是竹、木之类的天然材料,无须加工或是简单加工即可制成工具和用具,这是材料发展的初始阶段,也就是大家熟知的旧石器时代。大约在 1 万年以前,人类对石头进行加工,使之成为更精致的器皿和工具,从而进入新石器时代,与此同时陶器、金属及其合金也得到了发现和应用,这是材料发展的第二阶段。这个阶段的特点是人类已开始从自然资源中提取有用的材料。在新石器时代,人类已经知道使用天然的金和铜,但因其尺寸较小,数量也少,不能成为大量使用的材料,后来人类在找寻石料的过程中认识了矿石,在烧制陶器的过程中又还原出金属铜与锡,从而生产出各种青铜器物,自此进入青铜器时代。这是人类大规模利用金属的初期,也是人类文明的重要里程碑。中国在商周时期(即公元前 17 世纪初—公元前 256 年)就进入了青铜器冶炼的鼎盛时期,冶炼的技术在当时达到世界先进水平。

随着材料制备技术以及科技的发展,人类可以实现对材料的定制,即按照自己的设想来设计材料,从而进入了人工合成时代,也就是材料发展的第三阶段。各种高分子材料、精细陶瓷、新型复合材料、超导材料、纳米材料等是这一阶段的典型代表。目前,人类已经进入信息社会,材料、能源和信息技术是当前国际公认的新技术革命的三大支柱。因此,一个国家可以制备的新材料的品种、数量和质量,成为衡量一个国家科学技术以及经济发展的重要标志。

4.2　材料学的分类

材料有不同的分法,大致可以分为以下几类。

4.2.1 按材料的发展进行分类

一般将材料分为传统材料和新型材料两大类。传统材料指那些已经成熟,在工业中批量生产、并大规模应用的材料,如钢铁、水泥、塑料等。这类材料用量大、产值高、涉及面广,又是很多支柱产业的基础,所以又称为基础材料。新型材料(又可称为先进材料)是指那些正在发展且具有优异性能和应用前景的一类材料。新型材料与传统材料之间并没有明显的界限,传统材料通过采用新技术来提高性能,从而成为新型材料;新材料在经过长期生产与应用之后也就成为传统材料。传统材料是发展新材料和高技术的基础,而新型材料又往往能推动传统材料的进一步发展。

4.2.2 按原子结合键类型进行分类

按照原子结合键类型,或按物理化学属性来划分,可分为金属材料、无机非金属材料、有机高分子材料和具有复合多功能的复合材料。金属材料的结合键主要是金属键(见表4-1);无机非金属材料的结合键主要是共价键或离子键(见表4-2);而高分子材料的结合键主要是共价键、分子键以及氢键。随着社会的发展,人类对材料的性能要求越来越高,往往一种材料已经很难满足设计要求,但若将现有的金属材料、无机非金属材料和高分子材料通过复合工艺组成复合材料,则可以利用它们所特有的复合效应,使之具备原组成材料不具备的性能,从而达到预期的性能指标。

表 4-1 金属材料分类

金属材料	黑色金属	碳钢	
		合金钢	渗碳钢、工具钢、弹簧钢、模具钢、不锈钢等
	有色金属	重有色金属	铜、镍、锡、铅
		稀有色金属	钛、锆
		轻金属	铍、铝、镁、钠、钾
		稀土金属	钪、钇、镧
		贵金属	金、银、铂
		难熔金属	钨、钼、钽

4.2.3 按材料的用途进行分类

根据材料用途或者对性能的要求,一般将材料分为结构材料和功能材料两大类。当把材料的"强度"作为主要功能时,即要求某种材料制成的成品能保持其形状,而不发生变形或断裂,这种材料称为结构材料。结构材料是以力学性能为基础,用于制造受力构件的材料。当然,结构材料对物理或化学性能也有一定要求,如光泽度、热导率、抗辐射、抗腐蚀、抗氧化等。这类材料是机械制造、建筑、交通运输、航空航天等工业的物质基础。当然,并非所有考虑到力学性能的材料都称为结构材料。有些材料具有特殊的力学特性,这样的材料称为力学功能材料,如减振合金、形状记忆合金、超塑性合金、弹性合金等。

表4-2 无机非金属材料的划分

无机非金属材料	传统材料	陶瓷	日用陶瓷、卫生陶瓷以及建筑陶瓷等
		玻璃	平板玻璃以及光学玻璃等
		水泥	
		耐火材料	
	新型材料	高温材料	玻璃
		新型玻璃	钛、锆
		特种陶瓷	功能陶瓷
		人工晶体	
		半导体材料	单晶硅、多晶硅等
		非晶态材料	

若考虑的材料性能为其化学性能和物理性能时,这些材料被称之为功能材料。功能材料主要是利用物质的独特物理、化学性质或生物功能等而被归类的一类材料。如考虑其化学性能的功能材料有:储氢材料、生物材料、环境材料等;考虑其物理性能的功能材料有:导电材料、磁性材料、光学材料等。值得一提的是,如果没有复合功能材料,就不可能有现代科学技术的发展。

因为限于篇幅,本章不能将所有的材料都在本章介绍完整,为了力求将化学与材料内容尽可能地介绍给本书读者,本章将挑选具有代表性的材料,既包括具有较长发展历史的高分子材料,也包括新兴的介孔氧化硅材料、仿生材料以及左手材料等,通过这些材料的介绍,让读者充分认识到化学制备与材料科学相互促进且互为基础的关系。

4.3 高分子材料

"由6位不愿意透露姓名的制造商采用某公司新型纱线生产的尼龙袜今天首次上市销售,受到妇女们的热烈欢迎。当天的大部分时间里,柜台前始终排着3列长长的顾客,人群中既有很多男人,又有很多来自外地的人。"《纽约时报》1939年10月25日用大量篇幅来报道一种新产品的上市。20世纪40年代,全世界的妇女把拥有一双尼龙丝袜当成她们最重要的梦想之一。这种用"煤炭、空气和水"制造出的丝线织成的丝袜弹性十足,不易起皱褶且结实耐用,它让女性小腿显得修长而光洁。为她们发明这种名叫"尼龙"的高分子化合物的,是一位名叫华莱士·卡罗瑟斯的科学家和他领导的一个科研小组。另外尼龙的出现,也改写了纺织业的历史,即羊毛、棉花和蚕丝在人类6 000多年的文明史中一直扮演着的角色被尼龙等合成纤维所代替。

上述故事中提到的尼龙丝袜就是一种人造高分子聚合物,它是以高分子化合物(树脂)为基体,再配以其他添加剂(助剂)所构成的材料。高分子材料包括天然高分子材料、改性高分子材料,以及合成高分子材料等。

高分子材料的发展大致经历了三个时期,即天然高分子的利用和加工,天然高分子的改性和合成,高分子的工业化生产。天然存在的高分子很多,例如,动物体内的蛋白质、毛、革,胶.植物细胞壁的纤维素、淀粉,橡胶植物分泌的橡胶,某些昆虫分泌的虫胶等,都是高分子化合物。人类很早以前就开始利用天然的高分子材料了,如纤维、皮革和橡胶。我国古代蚕丝业就非常发达,汉朝时期的丝绸就远销国外;造纸术更是作为我国的古代四大发明之一,极大地推动了文明的进步。至于人类将皮革、毛裘作为衣服的历史就更加悠久。

20 世纪 60 年代大量高分子工程材料问世并获得了快速的发展,如反式 1,4 -聚异戊二烯、聚苯醚、聚苯并咪唑、聚酰亚胺、聚 1 -丁烯、纤维、异戊橡胶、乙丙橡胶等。而伴随着人类探索太空的热潮的兴起,航空航天技术极大地促进了耐高温和高强度合成材料的蓬勃发展,形成了新型高分子材料的大发展时期。20 世纪 70 年代以来,高分子工程科学取得了很大的发展,新型高效催化剂的研制成功并应用于生产中,不仅使产业化生产高分子材料成为现实,同时也使得高分子共混理论得到发展。尤其是 20 世纪 80 年代之后,由于化学合成方法的改进,使得医用高分子材料和功能高分子的制备成为现实,更是极大地推动了高分子材料科学的发展。

当今,高分子学科体系已经比较完备,形成了以高分子化学、高分子物理、高分子工程为主体的多领域相互交融、相互促进的整体学科体系。高分子化学主要研究高分子化合物的分子设计、合成、改性等内容,以获得新的化合物、新材料,其研究主要内容包括:聚合反应和聚合方法、功能高分子与特殊性能高分子、天然高分子以及其他高分子化学反应等。高分子物理的研究内容是各种高分子结构及其聚集态结构,高分子及其聚集态的性能、表征方法、结构与性能、结构与外场力影响之间的相互关系。高分子工程主要研究高分子化合物生产合成方法,聚合物反应工程,高分子成型工艺,聚合物作为塑料的成型理论和成型方法等。

高分子化合物常简称高分子(Polymer),它是由许多相同的、简单的结构单元通过共价键连接而成的链状或网状分子,相对分子质量巨大,往往高达 $10^4 \sim 10^6$,因此高分子又可称为聚合物——高聚物。例如,聚乙烯是由许多乙烯分子结构单元重复连接而成的,其结构式为:

$$\left[H_2C{-}CH_2 \right]_n$$

聚乙烯是由小分子单体乙烯通过聚合反应得到的高聚物,括号内的—CH_2—CH_2—是聚乙烯的结构单元,也是其结构重复单元,形成结构单元的小分子——乙烯被称为单体。一条高分子链所含有的重复单元的数目称为聚合度(DP),也就是 n 值,它是衡量相对分子质量大小的一个指标,聚合物的相对分子质量(M)是链节相对分子质量(M_0)与聚合度(n)的乘积。

$$M = nM_0$$

例如,聚氯乙烯链节相对分子质量为 625,聚合度为 800 $\sim$ 2 400,则其相对分子质量为 $5 \times 10^4 \sim 1.5 \times 10^5$。

需要指出的是,绝大多数的聚合物是由不同链长的大分子链组成的,也就是说,同一种聚合物是由一组具有不同聚合度以及机构形态的同系物构成的混合物,该类物质的相对分子质量或聚合度的不同决定了其高分子结构的不同,导致它们的加工方式、产品性质也不尽相同。而高分子化合物的形态结构称为聚集态结构,可以分为无定形态、半结晶态或晶态。

4.3.1　高分子的种类

高分子的种类繁多,随着化学合成工业以及材料科学的飞速发展,其种类和数量不断增加。

根据该类材料的来源、性质、用途以及结构等可以进行不同的分类。

4.3.1.1 按性能和用途来分

依据材料的性能和用途,可以将聚合物分为塑料、纤维、橡胶、涂料、胶黏剂、功能性高分子以及离子交换树脂等。

4.3.1.2 按高分子主链结构来分

1. 碳链高分子

主链全部由碳原子构成,主要包括大部分烯类和二烯、聚乙烯、聚氯乙烯、聚苯乙烯、聚丁二烯等。

2. 杂链高分子

主链上除碳原子外,还有氧、氮、硫等其他元素,常见的有各类聚醚、聚酯、聚酰胺、聚硫橡胶和聚甲醛等。

3. 元素有机高分子

主链上没有碳原子,是由硅、氧、氮、铝、硼、硫、磷等元素组成,侧链为有机苯并(如甲基等)。典型的例子是有机硅橡胶。

4. 无机高分子

主链和侧链均无碳原子,例如聚合氯化铝、聚合氯化铁等。

4.3.1.3 按应用功能分类

(1) 通用高分子:如塑料、纤维、橡胶、涂料、胶黏剂等。

(2) 功能高分子:如具有光、电、磁等物理性能的高分子药物等。

(3) 特殊功能高分子:如具有耐热性、高强度的聚碳酸酯等。

(4) 仿生高分子:如高分子催化剂、模拟酶等。

4.3.2 聚合物的命名

聚合物的命名方法很多,虽然国际纯粹与应用化学联合会(IUPAC)1972 年提出了以化学结构为基础的系统命名法,但因使用烦琐,迄今为止尚未普遍使用,而习惯使用的命名方法主要有以下两种。

4.3.2.1 按商品名称命名

按照商品名称来给聚合物命名,有的能反映聚合物的结构特征,有的能反映其使用特点,有的则是根据音译。大多数纤维和橡胶一般用商品名称来命名。例如聚酰胺类高聚物称为尼龙或锦纶。聚酰胺类高聚物品种较多,有尼龙 6、尼龙 66、尼龙 610 等。凡在尼龙后面有两个数字的,表示这种聚酰胺是由二元胺和二元酸的两种单体缩聚而成的,前面的数字是二元胺的碳原子数,后面的数字是二元酸的碳原子数。例如尼龙 610 是由己(数目 6)二胺和癸(数目 10)二酸缩聚而成的。凡在尼龙后面只有一个数字的,表示这种聚酰胺是由含有某数目碳原子的内酰胺聚合而成的。例如,尼龙 6 就是由己内酰胺聚合而成的。

许多合成橡胶是共聚物,往往从共聚单体中各取一个字,后面再加上"橡胶"两字来命名,例如乙丙橡胶(乙烯、丙烯共聚物)。

还有些聚合物,其商品名称通俗易懂,例如有机玻璃即聚甲基丙烯酸甲酯,SBS 是苯乙烯-丁二烯-苯乙烯的嵌段共聚物。

4.3.2.2 按原料单体或聚合物的结构特征命名

如果是用加聚反应制得的高聚物,往往就在原料或单体名称前加一个"聚"字(符号记为 P),如聚氯乙烯(PVC)、聚四氟乙烯(PTFE)等。如果是用缩聚反应制得的高分子化合物,就在原料名称后面加"树脂",如苯酚和甲醛缩聚产物可以称为酚醛树脂(PF)。对未制成成品前的加聚物,往往也称作"树脂",如聚氯乙烯树脂、聚乙烯树脂等。如果原料或单体的名称过于复杂,有时也可按其结构的某一特征来命名,如环氧树脂。因此,"树脂"一般认为是高分子化合物在工程材料中的同义词。

现将一些常见高分子化合物的化学名称(按化学组成命名)、商品命名以及缩写符号列于表 4-3 中。

表 4-3 常见聚合物名称和缩写举例

	化学名称	商品名	缩写符号
高分子材料	聚乙烯	聚乙烯	PE
	聚丙烯	聚丙烯	PP
	聚氯乙烯	聚氯乙烯	PVC
纤维	聚己二酸己二胺	尼龙66	PA
	聚丙烯腈	腈纶	PAN
	聚乙烯醇缩甲醛	维纶	PVA
橡胶	顺聚丁二烯	顺丁橡胶	BR
	顺聚异戊二烯	异戊橡胶	IR
	乙烯丙烯共聚物	乙丙橡胶	EPR

4.3.3 聚合反应

由单体合成聚合物的反应称为聚合反应。聚合反应有许多种类型,可以从多个角度进行划分,下面主要介绍两种划分方法。

4.3.3.1 按单体和聚合物在组成和结构上发生的变化分类

根据单体和聚合物在组成和结构上发生的变化,聚合反应可分为加聚反应与缩聚反应两类。由单体聚合加成得到的反应称为加成聚合反应(简称加聚反应)。加聚反应的单体含有不饱和键,在引发剂的作用下,不饱和键打开和另一个单体结合,形成长链分子,它的特征是反应中没有 H_2O、NH_3 等小分子副产物伴随。例如,乙烯加聚成聚乙烯的反应:

$$n CH_2 = CH_2 \longrightarrow \left(H_2C - CH_2 \right)_n$$

加聚反应制得的高分子化合物称为加聚物,加聚物的组成与其单体相同,加聚物的相对分子质量是其单体相对分子质量的整数倍。烯烃或二烯烃类单体,如乙烯、氯乙烯通过加聚反应可制备得相应的聚合物。另一类聚合反应称为缩合聚合反应(简称缩聚反应),由缩聚反应制得的高分子化合物称为缩聚物。缩聚反应往往是官能团之间的反应,反应除了生成缩聚物外,根据官能团种类的不同,还会产生 H_2O、NH_3 等小分子副产物。因为有小分子的产生,缩聚物的成分组成与相对应的单体的元素组成会有所不同,其相对分子质量也不再是单体相对分子质量

的整数倍。例如己二酸与己二胺反应,生成尼龙66:

$$n\,HCOOH(CH_2)_4COOH + n\,H_2N(CH_2)_6NH_2 \longrightarrow \{OC(CH_2)_4CONH(CH_2)_6NH\}_n + 2n\,H_2O$$

尼龙66分子式中大括号内的结构单元称为重复单元,它包括了两个不同的单体链节。缩聚物中留有官能团的结构特征,例酰氨基(—NHCO—)、醚基(—O—)、酯基(—OCO—)等。大部分缩聚物为杂链聚合物,容易被水、醇、酸等在不同条件下所降解。随着高分子化学的发展,又出现了许多新的聚合反应,例如开环聚合、异构化聚合、成环聚合、质子转移聚合、原子转移自由基聚合等。例如环氧丙烷的开环聚合反应为:

4.3.3.2　按聚合机理和动力学分类

聚合反应分为连锁聚合和逐步聚合两大类。烯类单体的加聚反应大部分属于连锁聚合反应。连锁聚合反应需要活性中心,活性中心一般包括自由基、阳离子、阴离子,因此可以分为自由基聚合、阳离子聚合以及阴离子聚合。连锁聚合的特点是整个聚合过程由链引发、链增长、链终止等几步基元反应组成,且各步的反应速率和活化能区别很大。

绝大多数缩聚反应和合成聚氨烷的反应都是逐步聚合。其特征是低分子转变成高分子的过程中反应是逐步进行的,每一步的反应速率和活化能大致相同。首先大部分单体聚合成二聚体、三聚体、四聚体等低聚物,随后低聚物之间继续反应生成聚合物。

4.3.4　高分子材料的力学性能

聚合物作为材料必须具有所需要的力学强度。可以说,对于大部分材料应用而言,力学性质比高聚物的其他物理性能显得更为重要。

4.3.4.1　应力和应变

当材料受到外力作用,但是外界条件限制它产生惯性移动时,它的几何形状和尺寸会发生变化,这种变化称为应变。材料发生宏观变形时,其内部分子间以及分子内各原子间发生相对位移,产生分子间及原子间对抗外力的附加内力,使得材料尽量恢复到初始状态,达到平衡时附加内力与外力大小相等,但方向相反。定义单位面积上的附加内力为应力,其值与外力相等。材料的受力方式不同,发生变形的方式也不相同。对于各向同性材料,有两种基本形式,分别为:

1. 简单拉伸

材料受到的外力 F 是垂直于截面且大小相等、方向相反并作用于同一直线上的两个力,这时材料的形变称为拉伸应变,记为 ε:

$$\varepsilon = \frac{l - l_0}{l_0} = \frac{\Delta l}{l_0}$$

式中,l_0 为材料的起始长度;l 为拉伸后的长度;Δl 是材料的绝对伸长。这种定义在工程上广泛使用,称为相对伸长或者习用应变,又可以称为伸长率。与习用应变相对应的习用应力 σ 定义为:

$$\sigma = \frac{F}{A_0}$$

式中,F 为外力,A_0 是材料的起始截面积。

2. 简单剪切

当材料受到的力 F 是与截面相平行、大小相等、方向相反且不在同一直线上的两个力时，会发生简单剪切。在剪切力作用下，材料发生偏斜，偏斜角 θ 的正切定义为切应变：

$$\gamma = \frac{\Delta l}{l_0} = \tan\theta$$

当切应变很小时，$\gamma \approx \theta$，相应地，材料的剪切应力变为：

$$\sigma_s = \frac{F}{A_0}$$

4.3.4.2 弹性模量

弹性模量（是单位应变所需应力的大小）能表征材料抵抗变形的能力的大小。模量的倒数称为柔量，是材料容易形变程度的一种表征。上述三种形变对应的模量分别称为杨氏模量、切变模量和体积模量，分别用 E、G、K 表示：

$$E = \frac{\sigma}{\epsilon}$$

$$G = \frac{\sigma_s}{\gamma}$$

$$K = \frac{p}{\gamma_v}$$

对于各向同性材料，上述三种模量之间存在下列关系：

$$E = 2G(1+\upsilon) = 3K(1-2\upsilon)$$

式中，υ 是泊松比，为在拉伸实验中横向应变与纵向应变的比值。

4.3.4.3 强度

1. 拉伸强度

拉伸强度也称为抗张强度，是在规定的试验温度、湿度和试验速度下，在标准试样上沿轴向施加拉伸应力，直到试样被拉断为止。拉伸强度等于断裂前试样承受的最大载荷 F 与试样宽度 b 和厚度 d 的乘积的比值：

$$\sigma_t = \frac{F}{bd}$$

2. 抗弯强度

抗弯强度也称为挠曲强度，是在规定的条件下对标准试样施加静弯曲力矩，直到试样折断为止，取实验过程中的最大载荷 F，按下式计算抗弯强度：

$$\sigma_f = \frac{F}{2} \times \frac{\frac{l_0}{2}}{\frac{bd^2}{6}} = 1.5\frac{Fl_0}{bd^2}$$

式中，b 和 d 分别为试样的宽度和厚度，l_0 为跨度。

3. 抗冲击强度

抗冲击强度也可以称为抗冲强度或冲击强度，是衡量材料韧性的一种强度指标。通常定义为试样受冲击载荷而折断时单位截面积所吸收的能量：

$$\sigma_i = \frac{W}{bd}$$

式中，W 是冲击试样时消耗的功；b 和 d 分别为试样的宽度和厚度。抗冲击强度的测试方法有很多，应用较多的是摆锤法、落重法和高速拉伸法等。

4. 硬度

硬度是衡量材料表面抵抗机械压力的一种指标，其大小与材料的抗张强度和弹性模量有关，硬度实验方法简单且不破坏样品，有时还用硬度测试来替代抗张强度测试。硬度的测量方法有很多，按照加荷方式有动载法和静载法两类。

4.3.5 高分子材料的电性能

高聚物的电性能是指聚合物在外加电压或电场作用下的行为及其表现出的各种物理现象，包括在交变电场中的介电性质，在弱电场中的导电性质，在强电场中的击穿现象以及发生在聚合物表面的静电现象等。聚合物是很好的电器绝缘材料，如聚乙烯、聚氯乙烯、聚四氟乙烯等，它们的电学性质主要由其化学结构所确定。

4.4 纳米介孔氧化硅材料

瑞典皇家科学院 2010 年 10 月 5 日宣布，将 2010 年诺贝尔物理学奖授予英国曼彻斯特大学科学家安德烈·海姆和康斯坦丁·诺沃肖洛夫，以表彰他们在石墨烯材料研究方面的卓越成就。这一消息使得人们将目光转向了神秘的纳米新材料—石墨烯，也将具有特殊性能的纳米材料呈现在人们面前。石墨烯是一类新型的碳材料（网状石墨烯的结构如图 4-1 所示），具有规整的平面结构，是一类二维材料，在导电、能量传输等方面具有良好的应用前景。其应用主要集中在太阳能电池、光解水制氢等领域。

图 4-1　网状石墨烯结构图

4.4.1 纳米材料简介

纳米材料是一类新型的材料，是指粒子平均粒径在 100 nm 以下的材料。因其所特有的纳米尺寸效应，表现出了与体相材料完全不同的性质，在光、电以及磁等方面展现了新颖的特性，充分体现出极其诱人的应用前景。在智能药物控释载体、新型的太阳能电池、吸附分离、新型催化剂制备以及新型复合功能性材料的研发等领域都有巨大的潜在应用前景。

按照材料的形状进行分类,纳米材料可分为纳米颗粒、纳米纤维、纳米薄膜、纳米块状材料。

4.4.1.1　零维纳米材料

指在三维空间尺寸上均为纳米尺度的材料,如原子团簇(几十个原子的聚集体)和纳米颗粒。

4.4.1.2　一维纳米材料

指在二维空间尺寸上处于纳米尺度的材料,如纳米线、纳米管、纳米棒等。

4.4.1.3　二维纳米材料

指在一维空间尺寸上处于纳米尺度的材料,如纳米薄膜、多层膜、超晶格等。

4.4.1.4　三维纳米材料

指由纳米基本单元组成的纳米结构和纳米块状材料等。

迄今为止,纳米材料随着化学制备技术的不断发展,已经发展出了越来越多的种类,其应用领域也不断扩展。在诸多纳米材料中,介孔氧化硅纳米材料因其所具有的大比表面积、水溶性好、表面易修饰以及在可见光区域透明无吸收等优点,受到了人们越来越多的重视,本节内容将带领读者走进介孔氧化硅纳米材料的世界,了解该类材料的性质以及用途。

4.4.2　介孔氧化硅材料介绍

1992 年,美孚公司的研究人员以具有亲水、亲油双亲基团的长链烷基季铵盐阳离子表面活性剂作为结构导向剂,利用水热法制备了孔道长程有序的 M41S 系列介孔分子筛。这类介孔材料包括具有一维六方结构的 MCM - 41 系列(如图 4 - 2 所示)、三维立方结构的 MCM - 48 系列,以及层状不稳定结构的 MCM - 50 系列等三种类型。该类材料的问世,将分子筛由微孔范围拓展至介孔范围,大大拓宽了多孔材料的应用范围。这其中,MCM - 41 系列介孔材料所具有的大比表面积 (高达 1 000 m^2/g),孔径尺寸连续可调以及孔道长程有序等优点,使该类材料在催化、气体吸附分离、大分子分离提纯,以及光能利用与转换等领域具有潜在的应用前景。而随着材料制备技术的发展和创新,许多新型结构的介孔材料,如:KIT,MSU 以及 SBA 二氧化硅介孔分子筛,金属氧化物分子筛如氧化铝、氧化锆和氧化钛,介孔碳、非金属及金属介孔分子筛等相继被研发出来,基于该类材料的新应用也不断被开发。这其中,介孔氧化硅分子筛由于其具有的优越性质,如超高的比表面积,连续可调的孔径及超强的功能可修饰性,在介孔分子筛家族中占据着最重要的地位。

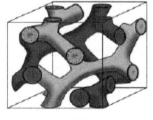
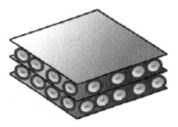

(a) 六方相　　　　　　　　(b) 立方　　　　　　　　(c) 层状相

图 4 - 2　M41S 系列结构示意图

4.4.2.1 介孔二氧化硅材料的制备

介孔二氧化硅材料的制备主要以水热合成法为主,其他方法包括:室温合成法、微波合成法、湿胶焙烧法、相转变法、溶剂挥发法以及非水体系制备法。以传统的水热制备法为例,介孔氧化硅分子筛的制备主要经历以下几个步骤:(1) 松散的表面活性剂和无机硅酸的复合物的生成;(2) 利用水热处理来提高和改善硅羟基的缩聚程度,提高产物的稳定性;(3) 通过高温煅烧或溶剂萃取,除去结构导向剂,从而得到多孔二氧化硅材料。在介孔氧化硅的制备过程中,所使用的硅源包括正硅酸乙酯(TEOS)、硅酸钠、硅溶胶以及无定型二氧化硅等,所使用的表面活性剂包括阳离子型,如十六烷基三甲基溴化铵(CTAB);非离子型,如在合成 SBA-15 时采用的长链嵌段表面活性剂聚氧乙烯-聚氧丙烯-聚氧乙烯(PEO-PPO-PEO)。介孔氧化硅分子筛的制备既可在酸性条件下合成,也可在碱性条件下进行,体系的 pH 值对介孔氧化硅分子筛的结构及形貌都有巨大影响。

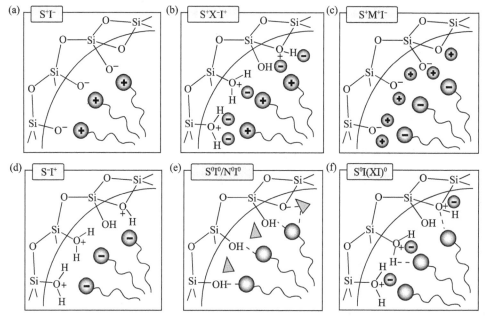

图 4-3 分别在酸性、碱性与中性条件下无机物种与表面活性剂基团可能的作用过程;
(a)(b)(c)与(d)为电荷吸引,而(e)(f)则通过氢键作用

根据制备所采用的表面活性剂类型以及无机物种带电性质的不同类型,可以对自组装反应及所生成的硅基介孔材料进行分类。I (Inorganics) 表示无机物种(可以分别是带正电荷的 I^+、负电荷的 I^- 和电中性的 I^0);S^+ 表示阳离子表面活性剂,如长链烷基季铵盐、长链烷基吡啶型等;S^- 表示阴离子表面活性剂,如各种盐型(羧酸盐和硫酸盐等)和酯盐型(磷酸酯和硫酸酯等);S^0 表示非离子表面活性剂,如非离子 Gemini 型、长链烷基伯胺和二胺等;X^- 表示 Cl^-,Br^- 等;M^+ 表示 Na^+,H^+ 等。其他还有两性表面活性剂也可以作为模板剂,如聚氧乙烯-聚氧丙烯-聚氧乙烯(PEO-PPO-PEO)等。如图 4-3(a) 所示,在碱性溶液中,硅酸根阴离子与表面活性剂阳离子 S^+ 作用,使带负电荷的无机硅酸根 I^- 有序化,这种最简单的有机/无机的介孔结构被称为 S^+I^- 结构。基于此机理,陆续发现了其他新的制备机理。如图 4-3(b) 所示,强酸性介质中合成二氧化硅介孔材料时采用的是 $S^+X^-I^+$ 静电力,因为此时硅元素显正电,这种组

合开始是 $S^+X^-I^+$,然后逐渐变成结构接近 IX^-S^+ 的产物。如图 4-3(c)所示,是与此相反的 $S^-M^+I^-$ 组合方式,主要也是金属氧化物介孔材料。而如图 4-3(d)所示的是金属氧化物介孔采用 S^-I^+ 作用;介孔结构也可以在基本上没有电荷参与的情况下生成。如图 4-3(e)所示,是采用中性的有机胺表面活性剂或非离子的聚乙二醇氧化物表面活性剂作为模板剂生成产物的 S^0I^0/N^0I^0,这种组合不仅适合生成二氧化硅介孔材料,同样也可制备金属氧化物介孔材料。如果利用离子对,那就是如图 4-3(f)所示的 $S^0(XI)^0$。

4.4.2.2 介孔氧化硅材料的性质调控

1. 介孔结构调控

美孚公司最初报道的 M41S 系列包含三种结构,分别是六方相(P6mm 相)的 MCM-41,立方相(Ia3d 相)的 MCM-48,以及层状相的 MCM-50。产物的相态除了可以通过调控反应时间实现相互转换之外,还可通过直接改变反应体系中的表面活性剂模板剂浓度进行调控。另外,人们逐渐发现表面活性剂在溶液相中的胶束形态对最终形成的介孔相态有决定性的作用,因此,通过选择不同的表面活性剂及改变表面活性剂的浓度即可调控介孔的结构。之后,国外有学者进一步用表面活性剂有效堆积参数 g 对介孔产物的结构进行了预测和解释,在理论上将表面活性剂的成胶束行为与介孔的形态进行了科学的关联。表面活性剂的有效堆积参数 $g=V/a_0L$,其中 V 指的是表面活性剂链加上链间的助溶有机分子形成的总体积;a_0 是在有机无机界面之间的有效表面活性头基面积;L 是动力学表面活性剂链长度。这一公式可以很好地描述在特定的条件下可以生成何种液晶相,这样便于研究者在进行介孔材料的合成时通过控制合成条件和参数来得到想要的结构,并且还能用它来解释实验所得结果。当 g 值小于 1/3 时生成笼的堆积 SBA-1(Pm3n 立方相)和 SBA-2(P63/mmc 三维六方相);$1/3<g<1/2$ 时生成 MCM-41(P6mm 二维六方相);$1/2<g<2/3$ 时生成 MCM-48(Ia3d 立方相);$g=1$ 时生成层状相的 MCM-50(见表 4-4)。目前,研究者们通过选用不同的表面活性剂和调节反应条件等已合成了一系列不同介观结构的有序介观氧化硅材料,典型的结构包括 P6mm、La3d 以及 Pm3n、Lm3m、Fd3m 和 Fm3m 相等。

表 4-4 不同 g 值下的胶束几何形状和介观相结构

$g=V/a_0L$	胶束几何形状	表面活性剂例子	介观相例子
$g<1/3$	球形	单链和较大的极性头	SBA-1(Pm3n 立方相)和 SBA-2(P63/mmc 三维六方相)
$1/3<g<1/2$	圆柱形	单链和较小的极性头	MCM-41(P6mm 二维六方相)
$1/2<g<2/3$	三维圆柱形	单链和较小的极性头	MCM-48(Ia3d 立方相)
$g=1$	层	双链和较小的极性头	MCM-50 层状相
$g>1$	反相的球形、圆柱形及层胶束	双链和较小的极性头	—

2. 孔径尺寸调控

目前,有效调节介孔材料孔径分布的方法主要有以下几种:(1)使用不同的表面活性剂分子为模板剂;(2)改变水热反应的温度;(3)添加合适的扩孔剂。一般而言,介孔材料的孔径大小主要取决于表面活性剂疏水基团的大小。例如,与双亲聚醚类共聚物相比,以阳离子季铵盐型表面活性剂为结构导向剂所制得介孔材料的孔径一般较小。代表性的例子为以阳离子季铵盐型表面活性剂为模板剂制备得到的 MCM-41 介孔氧化硅分子筛,以及以聚氧丙烯-聚氧乙烯-聚氧丙烯嵌段共聚物为模板剂制备得到的 SBA-15 介孔氧化硅分子筛,前者的孔径一般在 2～3 nm,而后者的孔径可达 10 nm。阳离子季铵盐型表面活性剂的疏水链越长,得到介孔材料的孔径越大,但是如果烷基链过长,该表面活性剂在水中将难以溶解,就不能充当模板剂用于介孔材料合成。对于双亲嵌段共聚物而言,所得介孔材料的孔径主要取决于疏水嵌段分子量大小,其分子量越大,得到的介孔孔径就越大。介孔材料的孔径大小除了受所用结构导向剂分子的影响外,还与其水热处理温度有很大的关系。一般而言,较高的水热处理温度有利于大孔径介孔分子筛材料的合成,但是水热处理温度也不能过高。否则将会对介孔分子筛的介观有序性造成很大的损坏,这一点对于介孔氧化硅分子筛而言尤其明显,这主要是由于氧化硅分子筛骨架为无定形结构,且表面具有丰富的表面硅羟基,因此在水热条件下非常容易发生水解,最终导致骨架结构的坍塌。相比而言,通过在合成体系中加入一定量的胶束膨胀剂分子,如三甲苯等,则可更有效地实现扩孔的目的,并且在扩孔的同时不会对孔道有序性产生大的影响。加入到反应体系的扩孔剂一般都是疏水分子,倾向于进入表面活性剂胶束的疏水区,通过扩大胶束的体积实现扩孔的目的。这一点可用表面活性剂有效堆积参数 g 值加以补充解释。

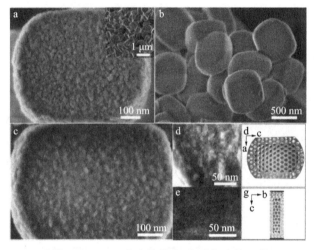

图 4-4　以 ZSM-5 为核,MCM-41 为壳的微孔-介孔复合体系的 FESEM 及结构示意图

a ZSM-5 单晶;b 以 ZSM-5 为核,MCM-41 为壳的微孔-介孔核-壳粒子;c～e 为核-壳结构的高分辨 FESEM;c,d 分为沿 b 轴方向观测到的孔;e 为沿 a 轴方向观测到的孔;f 与 g 为沿 b 轴和 a 轴方向观察到的孔结构的示意图。

随着应用要求不断增多,除了单一孔径的介孔材料之外,具有多级孔道体系的介孔材料也相继被开发出来,该体系在作为药物分子的载体时,可用于调控药物分子的释放速度。此外,介孔还可与微孔甚至大孔结构实现有机的复合。例如,微孔沸石分子筛与介孔分子筛的复合。如图 4-4 所示,是以 ZSM-5 沸石单晶为核,MCM-41 介孔氧化硅为壳的多级孔材料。这种核-壳结构中核区沸石的微孔与壳层氧化硅介孔之间的孔道高度连通,壳层的酸性可通过引入 Al 实现调控,因此还具有多级孔及梯度酸分布,在石油催化领域有着潜在的应用前景;除了微孔与介孔分子筛的复合之外,介孔还能与大孔体系实现有机的复合。如图 4-5 所示,为 Stein 等以聚合物纳米粒子规则堆积而成的光子晶体为模板,将制备介孔的反应体系灌注到光子晶体中粒子之间的空隙中,再将聚合物纳米粒子核表面活性剂焙烧去除,制备得到的大孔与介孔高度连通的多级孔结构。这种体系中的介孔孔道取向及孔径可通过选择不同类型的表面活性剂加以调控。在工业催化及水处理过程中,微孔与介孔组成的多级孔结构有利于吸附物及反应物质的传输及扩散,可有效避免由于单一孔径造成的孔道堵塞问题,因此通常具有更为优越的应用性能。而介孔与大孔组成的多级孔结构不仅可用于催化及环境领域,还可用于生物领域中蛋白质等大分子的筛选。

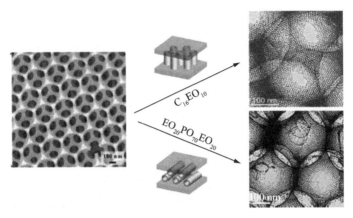

图 4-5　有序大孔-介孔复合体系的 SEM 和 TEM 图

3. 介孔氧化硅材料的杂化改性

介孔氧化硅具有稳定的骨架结构、大的比表面积、尺寸可调的孔道体系以及孔道表面富含羟基等诸多优点,作为一种新型的无机多孔材料,具有很多潜在的实际用途。通过加入有机官能团来调节无机骨架孔表面的极性,可以极大地拓展这些无机材料的应用范围。为了开发具有新颖性能的介孔二氧化硅功能材料,科学家们通过在介孔二氧化硅的孔道表面或者无机骨架引入不同类型的有机官能团,通过后接枝法或者共缩聚法赋予这些硅基有序杂化材料新的性能,使其在离子吸附、催化、分离、离子检测、药物控释以及生物显像等方面具有了新性能。

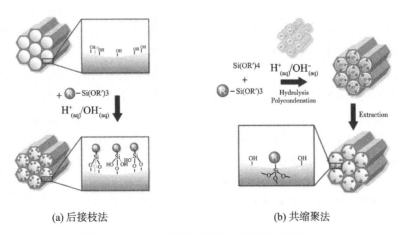

(a) 后接枝法　　　　　　　　(b) 共缩聚法

图 4-6　有机官能团改性的介孔氧化硅材料

1）后接枝法

后接枝法主要是指将介孔氧化硅材料制备好以后，将预先硅烷基化的有机官能团或金属有机官能团引入到介孔孔道，取代介孔氧化硅内表面的硅羟基，对其进行修饰、改性，从而达到将其功能化的目的，如图 4-6（a）所示。目前主要的改性基团是有机硅烷 $[(R'O)_3SiR]$、氯硅烷（$ClSiR_3$）或者硅氮烷类 $[HN(SiR)_3]$。通过这些有机官能团与孔道表面的活性位点的缩聚反应来实现对氧化硅表面的改性修饰。缩聚反应常用的有机溶剂可以是经过无水前处理的苯、甲苯、二甲苯或其他惰性溶剂，但通常情况下使用无水甲苯；缩聚反应的温度一般是在溶剂的回流温度下进行，且反应时间较长（通常为 12～24 h）；为了防止副反应的发生（主要为有机硅烷偶联剂发生水解或者自缩聚），缩聚反应全过程需在惰性气体保护下进行。在首次改性后，还可以在此基础上，利用被接枝官能团的反应活性，继续对接枝官能团改性或者接枝，可以实现该类杂化材料的二次或是三次改性，以达到最终目的。如巯基改性后，可以被氧化为磺酸基，而氨基基团则可以继续引入其他有机官能团。有机官能团引入孔道表面后，介孔二氧化硅的比表面积和孔径尺寸都要减小，同时介孔二氧化硅的有序孔道结构也会被破坏，主要表现在 XRD 衍射图谱中（100）面的衍射峰（2^θ）一般会向小角方向位移，而且峰强与未修饰前相比，将会明显降低。后接枝法的优点是简便且易操作，但是很容易引起有机官能团分布不均，导致介孔孔道的堵塞。

2）共缩聚法

经常使用的另一种使用有机官能团修饰、改性介孔氧化硅材料的方法被称为共缩聚法，如图 4-6（b）所示，因其反应时将所有原料一起投入反应瓶并一步完成，又称为一锅法（One-pot Synthesis）。共缩聚法是直接在合成介孔二氧化硅的无机硅源前驱体溶液中加入一定比例含有有机官能团的硅源前驱体，使之与无机硅源在胶束周围共聚，直接将有机基团锚接在介孔骨架上，对无机骨架进行改性，形成官能团化的介孔氧化硅材料。由于是将含有有机官能团的烷氧基硅烷充分分散在前驱体溶液中，所以能够得到表面官能团分布较均匀的功能化介孔二氧化硅，而且介孔结构的完整性也得以保存。

通过上述两种方法得到的介孔硅基有机/无机杂化材料充分利用了介孔二氧化硅比表面积大、介孔孔道具有"限域"特性以及表面富含硅羟基的特点，将多种具有特定功能的有机官能团引入到孔道表面，制备了多种具有特异功能的硅基杂化材料，在许多应用领域都发挥了巨大的作用。后接枝法和共缩聚法是两种对介孔二氧化硅改性的主要方法，迄今为止大部分的新型介孔硅基有机/无机杂化材料都是在这两种改性方法的基础上得到的。虽然具有步骤简单，官能团多种多样等优点，然而这两种方法也各自都有一定的缺点。利用后接枝方法得到的表面功能化的介孔二氧化硅杂化材料，表面官能团的分布很不均匀；对于共缩聚法而言，硅基杂化材料的介孔规整度会随着反应体系中有机硅烷偶联剂的加入量的增加而逐渐变差，如果加入量太大，将会造成介孔孔道的堵塞和坍塌。

3）周期性介孔有机氧化硅材料的制备

近年来，一类新型的硅基介孔有机/无机杂化材料，即周期性介孔有机氧化硅（PMO）材料的出现，克服了上述两种方法的缺点。与之前引入官能团的方法不同的是，该类材料将有机官能团引入无机骨架中，从而使得介孔孔道更为开放，孔道有效容积率大为提高，如图 4-7 所示。随着 PMO 材料制备技术的发展，人们逐渐将官能团从单纯的有机物向复合功能发展，荧光官能团便是其中的一类。所谓荧光 PMO 材料，顾名思义，就是引入无机骨架的官能团为具有荧

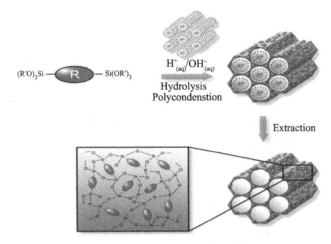

图 4 - 7　PMO 材料的制备示意图

光发射能力的官能团,将荧光官能团引入骨架后,使材料本身具有了荧光,同时引入的官能团并不占用孔道本身,使得该类材料的孔道利用率大大提高;而且不同有机官能团量的引入,必然会引起材料本身极性的变化。但是,迄今为止该类材料几乎都是具有有序介孔结构的无定形形貌,而具有球形或是其他规整形貌粒子的材料尚未被开发出来,这也限制了该类材料在生物领域的应用。因此,制备具有规整形貌的荧光 PMO 粒子,并以该类材料作为纳米载体,将会在药物控释以及生物显像等领域有很好的应用前景。

4) 形貌调控

介孔氧化硅的形貌对其应用领域具有非常重要的作用,这是由于在分离、催化和传感器等应用领域,对介孔分子筛材料的形态结构有一定的具体要求,如膜(film)材料在分离和催化反应中被广泛应用,薄片(monolith)材料在光学上具有特殊的用途,而尺寸均一的球状(sphere)氧化硅在生物领域具有非常重要的作用,也是最常用的色谱柱填料。因此,在制备介孔结构材料过程中,控制其形态结构,也是目前该领域的一个主要研究方向。研究表明,酸性条件下,氢键和模板剂之间存在弱相互作用,容易控制硅酸盐的水解和缩聚,虽然介孔结构生长较快,该过程主要受动力学因素控制,但是在一定条件下,可以使之向能量较低的方向生长。影响介孔二氧化硅宏观形貌的因素主要有:硅酸盐物种的水解和缩聚,胶束的形状,硅酸盐和胶束间的相互作用以及添加剂(无机盐、有机膨胀剂、溶剂、表面活性剂等)。控制这些因素,可以得到具有不同形貌的介孔二氧化硅。例如,可用手性的阳离子表面活性剂做模板,制备具有手性孔道和螺旋状外形的介孔二氧化硅;在碱性体系中,可以十六烷基三甲基溴化铵为结构导向剂,合成具有螺旋状外形的 MCM - 41 材料,这是由于乙酸乙酯的水解推动硅酸钠和 CTAB 自组装形成介孔结构,物种的手性聚集导致了 MCM 41 手性结构的形成。另外,还可制备麦穗状、圆环、绳状、碟状等外形的介孔氧化硅材料。

具有亚微米尺寸的单分散介孔纳米粒子近年来引起了各个领域研究人员的广泛兴趣。尺寸均一的纳米粒子可以在单个粒子中利用空间排布实现多种功能的复合,以介孔为壳层的各种复合型粒子包括核-壳型、空腔型、蛋黄-蛋壳型纳米粒子,从而实现包括多级孔道、磁性、荧光及催化等多功能的复合。例如,以 SBA - 15,MCM - 41 及金属纳米粒子为核,介孔氧化硅为壳可制备蛋黄-蛋壳型介孔纳米粒子,实现多级孔及催化等多功能的复合(图 4 - 8);还可以磁性纳米

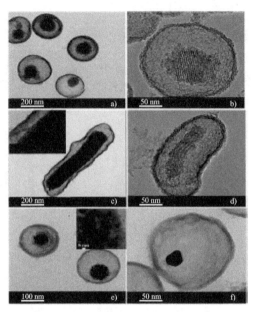

(a~d) 为以不同粒径及孔径的介孔氧化硅为核；(e~f) 为以 Fe_3O_4 和 Au 纳米粒子为核

图 4 - 8　不同蛋黄-蛋壳型结构的 TEM 图

粒子为核,介孔氧化硅为壳的核-壳型及蛋黄-蛋壳型纳米粒子,利用空腔提高了对客体分子的吸附容量(图 4 - 9(a));还可以均匀沉积贵金属纳米粒子的磁性纳米粒子为核,介孔氧化硅为壳的核-壳粒子,实现了磁分离及催化功能的复合(图 4 - 9(b));上述这些功能可调控性强的介孔纳米粒子在生物、催化及环境领域都有诱人的应用前景。

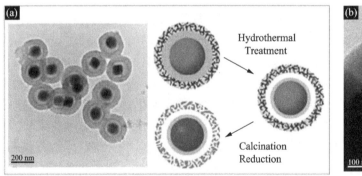
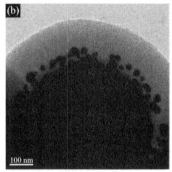

图 4 - 9　(a) 以磁性纳米粒子为核,介孔氧化硅为壳的蛋黄-蛋壳结构;
(b) 以均匀沉积贵金属纳米粒子的磁性纳米粒子为核,介孔氧化硅为壳的核-壳粒子

　　4. 基于介孔氧化硅纳米粒子的智能释控型药物运输载体

　　自科学家在 2001 年首先提出将 MCM - 41 材料作为药物载体应用于药物控释系统研究以来,介孔氧化硅材料作为药物载体已获得广泛的研究。早期的药物载体的制备和应用目的非常简单,即让药物分子安全快速地到达治疗位置并实现释放,而不考虑粒子其他的功能。如图 4 - 10 所示,为不同形貌、孔径分布,以及不同有机官能团表面修饰改性的硅基介孔材料对药物负载和控释性能的影响。结果表明:根据介孔材料孔径大小不同,可以选择性地吸附不同分子量的药物分子;而介孔材料的比表面积和孔体积越大,则相应的所能负载的药物分子的量也越大;当介孔材料的内表面采用不同的有机官能团修饰改性后,不仅可以得到表面疏水性不同的杂化材料,而且利用所负载的有机官能团与药物分子之间的弱相互作用力,如:氢键、共轭 π 键等,实现对药物分子的控释作用。早期的硅基控释药物载体主要考虑以下几个问题:(1)如何利用该类材料富含硅羟基,具有良好的生物相容性的特点;(2)制备具有大比表面积和孔体积的材料使其可以负载更多的药物分子;(3)如何选择合适的有机官能团来改性修饰介孔材料内表面,从而能够实现对药物分子的可控释放。随着研究的进一步深入,人们逐渐不满足于通过上述的简单方法来实现药物的控释,逐步开发了多类新型的控释类型,比如:通过对外部 pH 值、磁场或者入射光光强等条件的调节来实现对药物分子的智能控释。

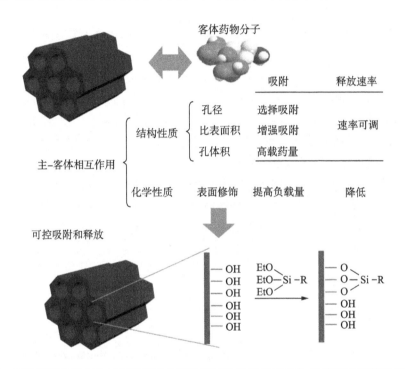

图 4-10　影响硅基有序介孔材料药物释放和负载量性能的各种因素(孔表面的修饰采用后接枝法)

施剑林等制备了一种基于介孔氧化硅纳粒子的新型的 pH 响应药物释放体系,该体系并没有采用传统药物负载方法(制备好药物载体之后再将目标释放药物引入),而是采用一步法,直接将疏水药物阿霉素(DOX)与表面活性剂十六烷基溴化铵(CTAB)以及无机硅源一起添加到反应液,原位合成了 CTAB 胶束中裹有疏水药物的介孔氧化硅纳米粒子,整个体系中因 DOX 高度疏水,在 pH>7 条件下,释放的速率和量都很少,但是当释放环境 pH<7 后,相当于酸性条件下的模板剂萃取,使得孔道中的 CTAB 被去除,与此同时,胶束中的 DOX 也随之释放出来,该体系将模板剂在酸性条件下的去除与药物释放有机结合,达到缓释和控释的目的。另外,还可以孔壁用有机胺修饰的介孔氧化硅纳米粒子为载体,利用分子与分子之间的相互作用力将金属离子与目标释放药物 DOX 引入孔道当中,当释放环境为 pH<7 时,孔道中各组分的配位作用被破坏,药物分子与金属离子同时释放,该类药物载体的释放模式较为新颖,不仅可以释放药物分子,而且引入了金属离子的配合与释放概念,这为由于人体缺乏某些金属离子而造成的

基因疾病的治疗提供了一条新途径。

近年来,通过光辐射响应机理来制备智能药物释放载体也引起了人们的关注。该类载体利用光照,使对光照敏感的化学键断裂或发生旋转,从而打开孔口,使药物分子从孔道中释放出来。因此,可制备基于光响应的药物载体,该粒子以在光照下可发生顺-反旋转的 $N=N$ 化合物为光板机,粒子负载药物进入细胞之后,在光照条件(413 nm)下使 $N=N$ 旋转,打开孔道,药物分子顺利从孔道中释放出来,且释放量与光照强度以及光照时间有关,时间越长则强度越大,释放量也越多。

以上关于介孔材料作为药物控释载体的例子充分显示了介孔材料强大的功能可修饰性,目前,多种功能基团及纳米粒子都已相继引入介孔体系中,并实现了在生物显像、疾病的诊治和治疗等领域的应用。例如:稀土发光材料或半导体纳米粒子可用于目标肿瘤的荧光显像以及癌细胞的长期实时监控;低聚核苷酸修饰的金纳米粒子能够识别因表面胞质团共振波长改变而引起的颜色变化的 DNA 链;磁性纳米粒子可用于磁共振显像、生物分离等生物领域。但是,这类制备简单、只具有单一功能的硅基纳米复合材料远远不能满足日益增长的科研和实际应用的需要。对于现代智能药物载体来说,人们在疾病诊疗、治疗以及药物筛选时,不仅需要该类材料具有可控释放药物的能力,同时还需同时或者部分具有以下性能:即实时示踪、细胞显像(荧光显像或者磁共振显像)、基因表达或者治疗等,而单一功能的纳米材料显然不能达到上述要求。因此,具有复合多功能的各类纳米复合体材料就应运而生。这些纳米复合材料除了具有独特的物理和化学性质,纳米尺寸本身也使得这些材料可以作为理想的平台应用于生物领域。因为这些材料本身具有大的比表面积,并与一些功能性单体连接,从而可选择性地识别多种生物分子,如DNA 链、抗体等,使该类材料在目标位置显像、诊疗以及药物输送等领域具有独特的优势。

4.5 新型能源材料

大家可以设想一下在未来的某个场景,即某人下班后开着新能源汽车回家,到家之后已经充好电的家庭控制系统开始工作,自动开门、亮灯,家里的各类电器也开始启动运行。此时的人类对石油、煤炭等化石能源依赖程度已降到历史最低点,路边到处是巨大的太阳能电池面板,海边则布满巨大的风力发电机,大规模核电站安全运行,人们使用的能源绝大部分都是清洁能源,环境污染也降至历史最低点,整个世界充满和谐。而上述对未来的美好憧憬若要实现都要依赖于现在人们正在集中资源、全力研发的新型能源材料的顺利商品化和产业化。

目前全球能源的基础是化石燃料,但为不可再生能源,对化石燃料的过度开发不仅会造成资源的枯竭,而且会伴随各种污染物排放,严重破坏了生态环境,制约了社会和经济的可持续发展。而太阳能、核能、风能等一次能源和二次能源中的氢能被认为是最有发展前途的新型能源,新型能源的开发和利用必须依靠新材料。而发展新能源技术中所要用到的关键材料,是发展新能源的核心和基础。因此,现在的主要任务是改善已有材料的性能,开发新的环境友好材料。目前的新型储氢材料,以及太阳能电池和材料燃料电池等是目前材料学研究的重点和热点,本节将就制氢和储氢材料和太阳能电池材料作简要介绍。

4.5.1 氢能概述

氢能被认为是人类最理想、最长远的能源。其主要优点有：燃烧热值高,每千克氢燃烧后的热量,约为汽油的 3 倍,乙醇的 4 倍,焦炭的 4.5 倍;它燃烧后的产物是水,无污染,是世界上最干净的能源。因此,氢能将是未来最有前途的二次能源。氢源可以通过太阳能、风能等自然资源分解水再生,也可以利用生物质再生。同时,氢能应用范围广、适用性强,既可以作为燃料电池,也可用于氢能汽车等。开发和利用氢能必须解决两个关键问题:氢气的制备技术和高密度的安全储存,尤其是氢的安全储存一直是一个技术难题。

4.5.1.1 制氢材料

目前,世界各国的制氢技术主要以石油、天然气的蒸汽重整和煤的部分氧化法为主。通过石油和天然气的重整制备氢气占制氢总量的 85% 以上,我国主要以煤的部分氧化来制氢。蒸汽重整是目前最为经济的方法,其研究的重点是提高催化剂的寿命和热能的有效利用率。传统的电解水制氢也占一定的比例,其产量约为总产量的 3%。氢能源经济中制氢是非常重要的一部分,未来制氢的发展重点是:以太阳能为一次能源的光分解水制氢、以可再生能源为一次能源的生物制氢、高级电解水制氢、以核能为一次能源的热化学循环分解水制氢。其中,利用太阳能的生物制氢和半导体催化制氢是当前的研究热点。

1. 半导体催化制氢

光催化制氢的条件是半导体导带电位低于水的还原电位,而价带电位大于水的氧化电位。人们对于半导体催化制氢已经做了大量的研究工作,目前大量使用的半导体光催化剂主要是以钛为主的过渡金属氧化物和硫化物。

1) TiO_2 基半导体光催化剂

TiO_2 无毒、无味、化学稳定性好,几乎无光腐蚀,是理想的半导体光催化剂。TiO_2 的晶型、掺杂金属离子、催化剂的载体等都会对光催化活性有影响,其中对过渡金属的掺杂研究得比较多,但这些研究的成果还没有达到人们的预期目标,目前这方面的研究主要是围绕 Ti 位和 O 位的改性来进行的。

2) 层状金属化合物

结构类似云母、黏土的某些层状半导体金属氧化物,由于其中间可以进行修饰,将其作为反应场所,可以具有较高的光催化活性。与此同时,层状化合物的多元素、复合结构为材料的进一步的修饰和改性奠定了良好的基础。

3) 钽酸盐半导体材料

钽酸盐的 Ta5d 轨道位置比钛酸盐的 Ti3d 和铌酸盐的 Nb4d 电负性更强,这样高的导带电位应更有利于光解水制氢,因此碱金属以及、碱土金属的钽酸盐对水分解制备氢气表现出较高的活性。在无任何掺杂的情况下,钽酸锂分解水的产氢效率可以达到 420 $\mu mol/h$,掺杂金属镧之后,钽酸钠的催化活性大为提高,其量子效率高达 50%。

2. 生物制氢

生物制氢是利用某些微生物的代谢过程来生产氢气的一项生物工程技术,所用原料来源广泛,可以是有机废水、城市垃圾、生物质等。值得一提的是,生物制氢可以利用工业废水和废弃物,对环境保护有利,因而越来越受到人们的关注。生物制氢的方法主要有以下几种。

1) 光合生物产氢

能够产氢的光合生物包括光合细菌和藻类。目前研究较多的产氢光合细菌主要有深红红螺菌、红假单胞菌、液胞外硫红螺菌等。光合细菌属于原核生物,催化光合细菌产氢的酶主要是固氮酶。一般来说,光合细菌产氢需要充足的光照和严格的厌氧条件。另外,许多藻类也可以产氢,如绿藻、红藻、蓝藻、褐藻等,而目前研究较多的是绿藻。

2) 发酵细菌产氢

能够发酵有机物产氢的细菌有专性厌氧菌和兼性厌氧菌,如丁酸梭状芽孢杆菌、产气肠杆菌、褐球固氮酶以及白色瘤胃球菌等。发酵细菌能够利用多种底物在固氮酶或氢酶的作用下将底物分解,从而制备氢气,这些底物有甲酸、乳酸、丙酮酸,以及各种短链脂肪酸、淀粉、葡萄糖、纤维素二糖等。发酵细菌的发酵类型有丁酸型和丙酸型,如葡萄糖经丙酮丁酸梭菌和丁酸梭菌发酵,便会产生氢气。

3) 光合生物与发酵细菌混合产氢

不同菌体利用底物的高度特异性,其所能分解的底物成分是不同的。要实现底物的彻底分解并制备大量的氢气,必须考虑不同菌种的共同培养。多菌种混合使用,可使生态系统稳定性提高,产氢量显著提高。

4) 利用生物质制氢

利用生物质制氢能够改善自然界的物质循环,很好地保护生态环境。在生物技术领域,生物质又称为生物量,是指所有通过光合作用将太阳能进行转换的有机物,包括高等植物、农作物、秸秆、藻类、水生植物等。生物质的使用为液态燃料和化工原料提供了一个可再生资源,只要生物质的使用能跟上它的再生速度,这种资源的应用就不会增加空气中二氧化碳的含量。

生物质制氢有两种方法:一是生物转化制氢法,发酵方式采用压力脉动固态发酵法,能够充分利用原料,并且大幅度降低废水排放量,在环境保护方面具有很大的优势。二是生物质汽化法,将生物质通过热化学转化为气体燃气或合成气,产品主要是氢气、一氧化碳、水、烃、少量的二氧化碳。相对来说,生物质汽化技术比较完善,但存在生产成本高,气体净化困难,副产物(煤焦油等)污染环境等缺点,生产工艺还需要进一步的完善。

利用廉价的有机物质产氢是解决能源危机、实现废物利用、改善环境的有效手段。随着对能源需求量的日益增大,对氢气的需求也会显著增加,因此开发新的制氢工艺和改进现有制氢工艺势在必行。基因工程的发展和应用为生物制氢技术开辟了新的途径,可通过对产气菌进行菌种改良,提高其耐氧能力和底物转化率,进而提高产气量。从长远来看,利用生物质制氢将会是制氢工业新的发展方向之一。

4.5.1.2 储氢材料

利用高压气瓶或以液态、固态储氢是传统的储氢方法,既不经济也不安全,采用新型储氢材料储氢能很好地解决上述问题。当前使用的储氢材料主要有合金、碳材料、有机液体、玻璃微球和某些配合物等;合金储氢材料主要以钛系 AB 型和镁系 A_2B 为研究热点。碳材料主要以碳纳米管以及石墨烯等为主。利用甲基环己烷做氢载体储气是有机液态储氢材料的研究热点,其最大特点是储氢量大、设备简单。未来的储氢技术需要既可便携使用(如笔记本电脑、手机),也可小型和中型化使用(如燃料电池汽车),还可大型化使用(如燃氢电站)。虽然诸如稀土系的 LaNi5 储氢合金在电化学等领域已得到很好利用,但离大规模应用还有较大差距。因此储氢材料的规模化是近期的发展目标,而基于纳米的介孔氧化硅材料以及碳纳米材料则是进一步的替

代品。作为储能材料,其必须具备以下条件:

(1) 易活化、氢的吸附量大。

(2) 储氢时,氢化物的生成热小。

(3) 在室温条件下,氢化物要具有稳定合适的平衡分解压。

(4) 对氢的吸收和释放速度都比较快。

(5) 对杂质(如氧、氮、一氧化碳、二氧化碳、水等)的耐受能力强。

(6) 当氢反复吸收和释放时,具有良好的稳定性和重复利用率。

(7) 金属氢化物的有效热导率大,并且储氢材料价格适中(因为储氢材料的价格影响了其产业化的规模)。

1. 金属储氢材料

金属储氢材料通常是指合金氢化物材料,其储氢密度是标准状态下氢气的 1 000 倍以上,与液氢相同甚至超过液氢。当前,趋于成熟和具有实用价值的金属储氢材料主要有稀土系、Laves 相系、镁系和钛系等系列,而近年来对于多相储氢合金的研究也取得了许多有意义的成果。

1) 稀土系储氢合金

IaNi$_5$是稀土系储氢合金的典型代表,具有很大的储氢量,最大储氢量约为 1.4%(质量分数)。该合金的优点是活化容易、分解氢压适中、吸收氢平衡压差小、动力学性能优良、不易中毒。MINi$_5$(MI 是富镧混合稀土)在室温下一次加氢 100～400 kPa 即能活化,吸氢量可达 1.6%,室温放氢量约为 97%,缺点是它会在吸氢后发生晶格膨胀,材料稳定性不好,而且循环使用效果也不好,性能衰减比较明显。

2) 镁系储氢合金

镁具有吸氢量大(MgH_2含氢量为 7.6%)、吸收氢平台好、质量轻、资源丰富、价格低等优点,缺点是放氢温度高、吸收氢速度慢且表面容易形成一层致密的氧化膜。通过合金化可改善镁氢化物的热力学和动力学特性,进而开发出实用的镁基储氢合金。多元镁系合金如 $Mg_2Ni_{1-x}Cu_x$($x=$ 0～0.25)、AMg_2Ni(A=La, Zr, Ca)、$CeMe_{11}$ M(M=V, Ti, Cr, Mn, Fe, Co, Ni, Cu 以及 Zn 等)都是研究的热点。在镁系储氢合金中加入稀土元素可以有效地改善镁系储氢材料的储氢性能,$La_5Mg_2Ni_{23}$合金比 $LaNi_5$ 合金具有更好的吸氢和放电性能,前者的吸氢量比后者多 35%,放电容量为 415 Ah/kg,比后者高出 28%。

WO_3可使镁基储氢材料吸放氢速度提高 2 倍,Mg_2WO_3复合材料具有良好的储氢能力。粒径为 50～100 nm 的 Mg_3C_2储氢材料的储氢量可达 2.6%,放氢温度为 295℃。

3) 钛系储氢合金

钛系储氢合金放氢温度低,价格适中,但是不容易活化,而且材料本身容易中毒、失活,钛系材料包括钛铁系、钛锰系以及钛镍系合金。

钛铁系合金是钛系储氢合金的代表,具有优良的储氢特性,储氢量达 1.92%。由于钛铁系合金的价格低于其他储氢材料,因此该类材料具有良好的应用前景。

在钛锰系合金材料中,$TiMn_{1.5}$储氢性能最好,该材料可在室温下活化,与氢反应生成 $TiMn_{1.5}H_{2.5}$氢化物,储氢量达 1.9%。为改善该类材料的性能,以 TiMn 为基础开发了多元合金系列,并取得了较好的实验结果。

钛镍系合金有 TiNi、Ti_2Ni 等系列,但是储氢性能与上述材料相比,没有特别突出的优势。

4）锆系储氢合金

锆系合金以 $ZrMn_2$ 为代表,通式用 AB_2 表示,为立方晶系结构,其晶胞体积比六方晶系的 AB_2 型稀土合金大一倍左右。锆系合金储氢量较大,平衡分解压较低,具有与氢反应速度快、易活化、没有滞后效应等优点。但该类物质生成热较大,价格昂贵,应用范围受到一定限制。锆系合金具有丰富的相结构,各种作用机理及其协同效应是当前研究的热点。

5）钒系固溶体合金

钒系合金以 VTi 和 VCr 为代表,与氢反应可生成 VH 及 VH_2 两种类型的氢化物。钒系合金的储氢密度高于现有稀土系列和钛系储氢合金,具有储氢密度较大、平衡压较低等优点,但是其氢化物的分解压受金属杂质的影响很大,合金熔点高、价格昂贵、制备困难、环境污染比较大,并不适合作为大规模应用的储氢材料。目前,钒系储氢合金的研发重点是优化合金的相结构来提高钒系合金的储氢性能和利用低廉的 V 合金原料代替纯 V 来降低合金的成本。

通过对金属储氢合金成本、储氢等性能进行比较,可以看出:稀土系、锆系和钛系合金吸放氢温度低、动力学性能好,易于工业化,缺点是储氢密度低。镁系合金成本低,储氢密度大,但其热力学性能差,距离产业化尚有距离;而钒系合金价格昂贵,环境污染较大。

2. 碳储氢材料

碳储氢材料主要有碳纳米管、碳纳米纤维、碳石墨、大比表面积活性炭等。目前研究的重点是利用碳纳米管以及大比表面积活性炭进行储氢。

1）活性炭储氢材料

活性炭具有的吸附能力大、比表面积大、可多次循环使用、易规模化生产等优点,使其成为一种独特的多功能吸附剂。其缺点是吸附温度不高,应用范围受到了一定的限制,随着温度的升高,其储氢能力显著下降。

2）碳纳米纤维储氢材料

碳纳米纤维储氢成本较高,循环使用寿命较短,但该材料储氢容量比较高,故也受到了人们的较多关注。

3）碳纳米管储氢材料

碳纳米管成本较高,批量生产技术未见商业化,储氢机理还不清楚,无法准确测得碳纳米管的密度,但是该材料储氢量大、释放速度快、可在常温下释氢,因此,是一种具有潜在广阔应用前景的储氢材料。

目前,碳储氢材料成本较高,工业应用还不成熟,其循环性能的研究也较少,储氢机理有待进一步研究,但该材料已显示出储氢量较大等优点,引起了人们极大的兴趣,是目前各国研究的热点。此外,还有通过有机液体氢化物和配合物进行储氢的材料。

4.5.2　太阳能电池

太阳能电池可以将太阳能转换成电能,是一种环境友好的可再生能源。太阳能电池的应用范围广泛,如应用于人造卫星、无人气象站、通信站、铁路信号、航标灯、计算器、手表等方面。太阳能电池按化学组成及产生电力的方式可分为无机太阳能电池、有机太阳能电池和光化学电池等三大类。太阳能电池材料主要包括产生光伏效应的半导体材料、薄膜衬底材料、减发射膜材料、电极与导线材料以及组件封装材料等。

太阳能电池发电的工作原理是基于光生伏特效应,即光与半导体相互作用可以产生光生载流子,当将光照后所产生的电子-空穴对分开到两极时,两极间就会产生电势差,称为光生伏特效应。半导体材料是决定太阳能电池性能的关键材料,作为太阳能电池,必须满足以下要求:

(1)能充分利用太阳能辐射,要求半导体材料的禁带不能太宽。

(2)具有较高的光电转换效率。

(3)对环境友好。

(4)材料性能稳定。

(5)易于工业化生产、成本低。

4.5.2.1 无机太阳能电池

1. 硅太阳能电池

硅太阳能电池分为单晶硅太阳能电池、多晶硅薄膜太阳能电池和非晶硅薄膜太阳能电池。其中,单晶硅太阳能电池开发最早,应用也最广泛,转换效率最高,技术也最成熟,生产工艺和结构已经定型,该产品已被广泛应用于各个领域。

单晶硅生长技术主要有直拉法和悬浮区熔法。直拉法是将硅材料在石英坩埚中加热熔化,使籽晶与硅液面接触,向上提升以长出柱状的晶棒。直拉法的研究方向是设法增大硅棒的直径。悬浮区熔法是将悬浮区熔提纯与制备单晶结合起来,可以得到纯度很高的单晶硅,但成本很高。为了进一步提高太阳能电池效率,高效化的太阳能电池工艺越来越受到人们的关注,如发射极钝化及背面局部扩散工艺、双层减反射膜工艺等。

多晶硅材料生长主要运用定向凝固法及浇铸法工艺来控制。定向凝固法是将硅材料在石英坩埚中加热熔化后,使坩埚形成自上而下递减的温度场,或从坩埚底部通冷源以造成温度梯度,使固液界面从坩埚底部向上移动而形成晶体。浇铸法是将熔化后的硅液倒入模具内形成晶锭,铸出的方形硅锭被切割成方形硅片。目前广泛使用的是浇铸法,其方法简单、能耗低、利于降低成本,但容易造成错位、杂质等缺陷。目前,阻碍太阳能电池推广应用的最大问题是成本太高,因此,基于薄膜技术的多晶硅薄膜和非晶硅薄膜太阳能电池逐步受到了人们的关注。

采用薄膜技术的太阳能电池中,很薄的光电材料被铺在衬底上,大幅度地减少了半导体材料的消耗(薄膜厚度仅1微米),也容易形成批量生产,从而显著降低了太阳能电池的生产成本。薄膜太阳能电池材料主要有多晶硅、非晶硅、碲化镉以及砷化镓等。其中,多晶硅薄膜太阳能电池技术比较成熟。目前,多晶硅薄膜生长技术生要有液相外延生长法、低压化学气相沉淀法、快热化学气相沉淀法、催化化学气相沉淀法、等离子增强化学气相沉淀法、超高真空化学气相沉淀法、固相晶化法和悬浮区熔再结晶法等。多晶硅薄膜太阳能电池的生产成本相对低廉,其光电转换效率约为10%。

碲化镉多晶薄膜电池的成本较单晶硅太阳能电池低,并且也易于大规模生产,但是由于碲化镉有剧毒,会对环境造成严重的污染,因此,不是单晶硅太阳能电池最理想的替代产品。

2. 纳米晶太阳能电池

纳米晶太阳能电池是以纳米材料为太阳能电池材料。随着超分子技术和纳米技术日渐成熟,纳米晶太阳能电池也日益成为一个研究热点。目前,关于纳米氧化钛晶体太阳能电池研究的较多,其优点是工艺简单,性价比高,载流子的产生与收集在空间上是分离的。其光电转化效率稳定在10%以上,制作成本仅为硅太阳能电池的1/5,寿命可达到20年以上。与传统的太阳能电池不同,氧化钛太阳能电池采用的是有机-无机复合体系,其工作电极是纳米晶半导体多孔膜。研究的电极除了二氧化钛之外,还有氧化锌、氧化铁、氧化锡以及硫化镉等。其制备方法是将纳米粒子涂敷在透明的电极上然后烧结,粒子聚集在一起后形成良好的电接触,并允许电荷载流子通过。

目前,纳米结构材料的研究和应用已成为研究热点,它应用于太阳能电池后,具有成本低、稳定性好、光电转化率高等特点。尽管对于纳米结构太阳能电池的研究还不够深入,然而性能稳定、成本低廉的纳米结构太阳能电池必将成为太阳能电池中的重要部分。

4.5.2.2 有机太阳能电池

有机太阳能电池与无机太阳能电池相比,具有制造面积大、制作简单,且成本较低等特点,有机太阳能电池可在可卷曲折叠的衬底上制备,是具有柔性的太阳能电池。有机太阳能电池是利用有机半导体材料的光伏效应,即在太阳光的照射下,有机半导体材料吸收光子,如果该光子的能量大于有机材料的禁带宽度 E_g,就会产生激子,激子分离后产生的电子和空穴向相反的方向运动,富集在相应的电极上,从而形成光生电压。

1) 有机小分子化合物

早期的有机太阳能电池是在真空条件下把有机半导体染料(如酞菁等)镀在基板上,这样就形成了夹心式结构,但是镀膜工艺比较复杂,薄膜附着力不高,容易脱落。因此,又发展了将有机染料半导体分散在聚碳酸酯(PC)、聚醋酸乙烯酯(PVAC)等聚合物表面的技术。这些技术虽然能提高涂层的柔韧性,但半导体的含量相对较低,会使光生载流子量显著减少。

酞菁类化合物是典型的 P 型有机半导体,具有离域的平面大 π 键,在 $600\sim800$ nm 的光谱区域内有较大吸收。苝类化合物是典型的电子受体,也就是 n 型半导体材料,具有较好的电荷传输能力,在 $400\sim600$ nm 的光谱区域内有较强吸收。

2) 有机大分子化合物

在过去的几十年间,人们将具有半导体性质的有机大分子化合物(共轭聚合物)制成各种光电器件,并对其性能进行研究。20 世纪 90 年代,共轭聚合物的有机太阳能电池得到了迅速发展。富勒烯(C_{60})最具有代表性,其分子内外表面有 60 个 π 电子,组成三维 π 电子共轭体系,具有强还原性、低电子亲和性,是当前最好的电子受体材料,通常由富勒烯衍生物和共轭聚合物组成复合物来构成主体,又称异质结太阳能材料,如四硫富瓦烯(TTF)、C_{60} 等。

4.6 其他新型材料

4.6.1 仿生材料

仿生材料,是指依据仿生学原理制造的各类用途迥异的装备与材料,既包括利用昆虫的复眼制造出来的复眼照相机,也包括依据人体力学原理制造出来的机械肢体,就像科幻电影里的场景。另外,还包括利用仿生学原理研制的各种智能药物控释载体,以及各种骨组织修复材料。因其所特有的结构与设计理念,显示出了与常规设计材料不同的性能,例如:在陆地上生活的动物有肺,能够分离空气中的氧气,水里的鱼有鳃,能够分离溶解在水中的氧气,供给身体使用。人们仿照这种特性,制作了薄膜材料,用于制造高浓度氧气、分离超纯水等,以达到节省能源以及高分离率的目的。目前人们正在研制具有动物肺和鱼鳃那样功能的材料,如果研制成功的话,人类在水底世界的活动将会发生一场新的革命。

仿生材料研究的重点是"感觉器官的模拟""神经元和神经网络的模拟",基于上述研究成果而迅速发展了仿生机器人。而微小型机器人技术是近年来伴随微机械学、微电子学、信息网络、计算机技术、仿生技术、新材料和新能源等迅猛发展,而形成的新兴前沿技术。近十年来,世界各国特别是西方发达国家十分重视微小型机器人技术研究,它在未来家庭服务、极限作业、危险救灾等方面将发挥不可替代的作用。世界先进国家在水下仿生航行体、模块化履带式侦察机器人,反恐排爆机器人、微型飞行器与自主导航驾驶仪等方面具有创新性研究特色,相关的应用示范研究也取得了丰硕成果。诸如仿生蝙蝠、仿生苍蝇、仿生蜻蜓、仿生蜘蛛等机器动物的问世,便是仿生学研究的成果。

随着时代的不断发展和纳米技术的不断成熟,纳米型仿生材料必定成为未来仿生材料的研究重点,对纳米仿生材料的功能需求也会越来越多。例如,人们对萤火虫的发光机制做了研究,其发光原因是化学能高效率地转化为光能,但是像萤火虫的这种能量变换方法目前人类还做不到。随着地球上现在所使用的能源逐渐枯竭,人类寻求新能源的任务已迫在眉睫,如果能够找到与某些生物类似的能够高效率地进行能量变换或者能量重组的材料与方法,将为人类的未来带来希望和光明。

迄今为止该学科未开拓的领域和未解决的问题非常之多,可以认为仿生材料学的学科体系还没有完全形成。进行仿生材料的开发与研究之前,必须要学习和了解许多相关的专门知识,如高分子化学、蛋白质工程科学、遗传学、生物学,以及与其关联的技术等。因此,可以预见的是随着化学制备技术不断发展,以及对基因工程等相关领域进一步深入研究,人类利用仿生学原理制备的新型材料必将会越来越多,从而为人类的社会生活及家庭生活创造更多便利。

4.6.2　隐身材料介绍

隐身是人类一直都有的梦想,各个国家的文学作品中都有体现。比如哈利波特中的隐身衣,我国神话小说中的隐身术等。甚至当前军事装备研究中最热门的"隐形飞机""隐形舰艇"等,都体现了人们对隐身的渴望。而实现这些隐身的愿望,关于各类光吸收、光反射的隐身材料的研究与制备就必不可少。

隐身材料按频谱可分为声、雷达、红外、可见光、激光隐身材料,按材料用途可分为隐身涂层材料和隐身结构材料。这里介绍几类重要的隐身材料。

雷达吸波材料是最重要的隐身材料之一,它能吸收雷达波,使反射波减弱甚至不反射雷达波,从而达到隐身的目的。雷达吸波材料中尤其以结构型雷达吸波材料和吸波涂料最为重要,国外目前已实用的主要也是这两类隐身材料。

红外隐身材料作为热红外隐身材料中最重要的品种,因其坚固耐用、成本低廉、生产方便,且不受目标几何形状限制等优点一直受到各国的重视,是近年来发展最快的热隐身材料,有些可兼容红外、毫米波和可见光。

由于纳米材料的结构尺寸为纳米数量级,物质的量子尺寸效应和表面效应等方面对材料性能有重要影响。纳米隐身材料按其作用机制可分为电损耗型与磁损耗型。纳米复合隐身材料因为具有很高的对电磁波的吸收特性,已经引起了各国研究人员的高度重视,而与其相关的探索与研究工作也已经全面展开。尽管目前工程化研究仍然不成熟，实际应用未见报道，但其已成为隐身材料重点研究方向之一，今后的发展前景一片光明。而其一旦应用于实际产品，也必将会对各国的政治、经济、军事等多方面产生巨大影响。

以上情况都是基于两种基本的方法来实现隐身的：第一是考虑改变结构的构型，从而减少雷达波的反射波和散射波；第二是在结构表面涂敷各种功能材料，从而达到损耗或散射雷达波以抑制目标表面红外辐射强度，这些隐身涂敷材料均是基于吸波原理来实现隐身的，仅适用于单基点探测源，无法实现结构的完美隐身。

近年来，随着材料制备科学的发展，一种新型材料，即"左手材料"问世，该类材料完全颠覆了人类以前对于材料的看法，因为该类材料具有与现在人们所熟知的材料完全相反的特性，即一定的频段下同时具有负的磁导率和负的介电常数。

2001 年 Smith 等基于 Pendry 提出的理论模型，首次制备出微波段的左手物质，并通过实验证实了这种左手材料的存在性。随后左手材料研究学者先后攻克了几大难关，使得左手材料的研究取得了巨大进展，并被 Science 杂志评为 2003 年度十大科技进展之一。左手材料因其特有的"反特性"，可以实现视觉隐身的效果。

随着左手材料研究的不断进展，Alu 等于 2005 年提出在不要求高损耗的情况下，使用低损耗甚至无损耗的材料涂层，依靠一种新的、完全不同的机理，降低球或柱体总散射横截面的方法。在随后的几年中，相继出现了 Pendry 等人基于坐标变换方法设计出的一种使电磁波发生绕射的"隐身斗篷"，Ruan 等人提出的理想圆柱斗篷，使基于左手材料的"隐身衣"进入人们的视野，尤其是在军事领域受到了越来越多的关注。可以预见的是，该类材料不仅在隐身材料领域，还会在超级透镜以及其他超级材料等领域扮演越来越重要的角色。

化学小贴士

特氟龙(Teflon)又称聚四氟乙烯，英文缩写为 PTFE。特氟龙最早是由化学家罗伊·普朗克特(Roy J. Plunkett)博士于 1938 年在杜邦公司位于美国新泽西州的 Jackson 实验室中意外发现的。这种材料是一种用氟取代聚乙烯中所有氢原子后的高分子材料，该材料不仅抗酸、碱以及各种有机溶剂，还具有耐磨性和抗湿性的特点，几乎难溶于所有的有机溶剂。另外，这种材料还具有低摩擦系数和耐高温的特点，因此常被用作不粘锅及水管内壁涂层，从此家庭主妇们可以从容面对饭后如何处理锅底锅巴等问题。

第5章 化学与军事

人类自古以来由于土地、财富、宗教等原因发生过无数次战争,造成了无数的人员伤亡和财产损失。核武器问世后,由于其巨大的破坏性,虽使得大国间特别是核大国间战争的可能性很小,但中小国家间的局部冲突、民族矛盾、恐怖活动仍然存在,甚至有个别国家动不动要把别国城市变为火海的战争叫嚣依然威胁着人们平静的生活。因此,在新的国际安全环境中,世界多数国家在注重运用政治、经济和外交等手段解决争端的同时,仍然把军事手段以及加强国防力量作为维护自身安全和国家利益的重要筹码。

谈及化学与军事,人们最容易联想到化学武器,这是由于化学武器和核武器一样,都被列为大规模杀伤性武器。但是,几乎所有的武器都离不开化学。例如最常见、最普通的子弹,其铅或钢质的子弹头是利用冶金化学生产的,推动子弹高速前进的是化学火药,即使冷兵器时代的刀剑,也是冶金化学的生产物。军事竞赛中最重要的体现就是军事装备竞赛,其依赖的科技知识涉及大量的化学知识。

5.1 火药和近代军事"四弹"

5.1.1 传统武器的灵魂——火药

火药最早是由中国人发明制造的,当初主要用作医药。据《本草纲目》记载,火药有去湿气、除瘟疫、治疮癣的作用,从火药中的"药"字即可见一斑。后来火药传至欧洲被用作军事,火药在军事上主要是作为发射枪弹、炮弹和火箭的能源以及某些驱动装置和抛射装置的工作能源。通常将发射枪、炮弹丸的火药称为发射药,将推进火箭、导弹的火药称为固体推进剂。

发射药装在子弹壳或炮弹壳内并被密封,使用时扣动枪的扳机或拉动炮栓(迫击炮弹在炮管中下降过程中直接撞击底座金属尖而引爆),密封的火药经撞击爆炸,通过燃烧将火药的化学能转化为热能,再通过高温高压气体的膨胀,将热能转化为弹丸或炮弹的动能,将子弹头或炮弹头(内还装有炸药)发射出去。

炸药是能起爆炸作用的一种火药。在军事上可用来装填炮弹、航空炸弹、导弹、地雷、水雷、鱼雷、手榴弹等,起杀伤和爆破作用。炸药在弹体内爆炸时,瞬间产生的高温、高压气体急速膨胀,破坏弹体或容器,产生高速飞散的碎片,从而杀伤有生目标。同时,产生的爆炸冲击波可破坏工事、建筑物等。另外,若能产生聚能效应还可穿透装甲目标。

在火药和炸药的爆炸过程中,热量是发生爆炸的动力;反应时间极短是发生爆炸的必要条件;气体产物是火药或炸药的爆炸媒介。

军事上黑色火药的成分是 75% 的硝酸钾、10% 的硫、15% 的木炭。黑火药极易剧烈燃烧,反应方程式如下:

$$2KNO_3 + S + 3C \xrightarrow{点燃} K_2S(s) + N_2(g) + 3CO_2(g) \qquad \Delta_r H = -572 \ kJ \cdot mol^{-1}$$

可见,固体反应物产生了大量气体,燃烧产生的热又使气体剧烈膨胀,于是发生了爆炸。

随着军事化学的发展,出现了比黑色火药爆炸威力更大的烈性炸药。烈性炸药一般是含硝基的有机化合物。最早得到应用的烈性炸药是"苦味酸",即黄色炸药,由苯酚硝化制得,反应方程式为

硝化甘油是年轻的意大利化学家苏雷罗(A·Sobrero)在 1847 年在一场化学实验室的偶然事故中发现的,它后来被作为烈性炸药的主要成分(最初是作为扩充血管的药物),它由甘油(丙三醇)硝化制得,反应方程式如下:

$$C_3H_5(OH)_3 + 3HNO_3 \xrightarrow{浓 \ H_2SO_4} C_3H_5(NO_2)_3 + 3H_2O$$

后来又出现了 TNT(三硝基甲苯)烈性炸药,现在被广泛用作军事武器中的炸药,以及衡量炸药爆炸性能的基准。它是由甲苯硝化而成的,反应方程式如下:

另外,硝铵既是一种很好的氮肥,同时也是一种烈性炸药。当它受到突然加热至高温或猛烈撞击时,会发生爆炸性分解,反应方程式如下:

$$2NH_4NO_3 \longrightarrow 2N_2(g) + O_2(g) + 4H_2O(g)$$

值得警惕的是,国内外都发生过化肥仓库内硝铵爆炸的事故。

5.1.2 近代"军事四弹"

近代"军事四弹"是指烟幕弹、照明弹、燃烧弹、信号弹,它们在军事上有着重要的作用。

5.1.2.1 恐怖的云海——烟幕弹

烟和雾是分别由固体小颗粒和液体小液滴在空气中形成的分散系统。烟幕弹的原理就是通过化学反应在空气中造成大范围的化学烟雾。烟幕弹主要用于干扰敌方观察和射击,掩护自己的军事行动,是战场上经常使用的弹种之一。例如,装有白磷的烟幕弹引爆后,白磷迅速在空气中燃烧生成五氧化二磷:

$$4P + 5O_2 \xrightarrow{点燃} 2P_2O_5(s)$$

P_2O_5 会进一步与空气中的水蒸气反应生成偏磷酸和磷酸,其中偏磷酸有毒,反应方程式

如下：

$$P_2O_5 + H_2O \longrightarrow 2HPO_3$$

$$2P_2O_5 + 6H_2O \longrightarrow 4H_3PO_4$$

这些酸的液滴与未反应的白色颗粒状 P_2O_5 悬浮在空气中，便构成了"恐怖的云海"。同理，四氯化硅和四氯化锡等物质也可用作烟幕弹。因为它们都极易水解，反应方程式如下：

$$SiCl_4 + 4H_2O \longrightarrow H_4SiO_4 + 4HCl$$

$$SnCl_4 + 4H_2O \longrightarrow Sn(OH)_4 + 4HCl$$

水解后在空气中形成 HCl 酸雾。在第一次世界大战期间，英国海军航空兵就曾向自己的军舰投放含 $SnCl_4$ 和 $SiCl_4$ 的烟幕弹，从而巧妙地隐藏了军舰，避免了敌机轰炸。有些新式军用坦克所用的烟幕弹不仅可以隐蔽自身的物理外形，而且制造的烟雾还有躲避红外激光、微波的功能，达到"隐身"的效果。$SnCl_4$ 和液氨一起投放，可形成更浓的烟雾，反应方程式如下：

$$NH_3(g) + HCl(g) \rightarrow NH_4Cl(s)$$

5.1.2.2　人造小太阳——照明弹

夜战是战场上经常采用的一种作战方式，即利用黑夜作掩护夺取战场主动权，故夜战历来为指挥员所推崇，在交战双方武器装备严重不对等的情况下，装备弱的一方常把夜战作为克敌制胜的法宝。然而，要想在茫茫黑夜中克敌制胜，首先要解决夜间观察和射击的问题。在早期的战争中，主要依靠照明器材来解决这些问题。

照明弹是夜战中常用的照明器材，它是利用内装照明剂燃烧时的发光效果进行照明的。现代照明弹的光亮非常强，如同高悬空中的太阳，可将大片地面照得如同白昼。通常照明弹的发光强度为 $4 \times 10^5 \sim 2 \times 10^6$ cd，发光时间为 $30 \sim 140$ s，照明半径达数百米。夜间战场上，在进攻时可借助照明弹的亮光迅速查明敌方的部署，观察我方的射击效果，及时修正射击偏差，以保证进攻的准确性；在防御时可以及时监视敌方的活动。

照明弹中通常装有铝粉、镁粉、硝酸钠和硝酸钡等物质，引爆后，金属镁、铝在空气中迅速燃烧，产生几千摄氏度的高温，并放出含有紫外线的耀眼白光：

$$2Mg + O_2 \xrightarrow{点燃} 2MgO$$

$$4Al + 3O_2 \xrightarrow{点燃} 2Al_2O_3$$

反应放出的热量使硝酸盐立即分解：

$$2NaNO_3 \xrightarrow{点燃} 2NaNO_2 + O_2 \uparrow$$

$$2Ba(NO_3)_2 \xrightarrow{点燃} 2Ba(NO_2)_2 + 2O_2 \uparrow$$

产生的氧气又加速了镁、铝的燃烧反应，使照明弹更加明亮夺目。

5.1.2.3　致命的火神——燃烧弹

美国电影《拯救大兵瑞恩》里面有一个美军用燃烧弹烧死坑道中敌兵的镜头，而燃烧弹在现代坑道战、堑壕战中能起到重要作用。由于汽油密度小，发热量高，价格便宜，所以被广泛用作燃烧弹的原料。用汽油与黏合剂黏合成胶状物，可制成凝固汽油弹。为了攻击水中目标，可在凝固汽油弹里添加活泼的碱金属和碱土金属，这是由于钾、钙和钡一遇水能发生剧烈反应，产生易燃易爆的氢气，反应方程式如下：

$$2K + 2H_2O \longrightarrow 2KOH + H_2(g)$$

$$Ba + 2H_2O \longrightarrow Ba(OH)_2 + H_2(g)$$

对于有装甲的坦克,燃烧弹也有对付它的"高招",这是由于铝粉和氧化铁能发生剧烈的铝热反应,反应方程式如下:

$$2Al + Fe_2O_3 \longrightarrow Al_2O_3 + 2Fe \qquad \Delta_r H = -851.5 \text{ kJ} \cdot \text{mol}^{-1}$$

该反应放出的热量足以使钢铁熔化成液态,所以用铝热剂制成的燃烧弹可熔化掉坦克厚厚的装甲,使其"望而生畏"。另外,铝热剂燃烧弹在没有空气助燃时也可正常燃烧,大大扩展了它的应用范围。

5.1.2.4 战场信使——信号弹

金属及其化合物灼烧时可呈现各种颜色的火焰,人们利用这一性质制造出信号弹。军事上利用信号弹的颜色和弹数来传达指挥员的战斗号令。如用硝酸锶和碳酸锶制造红色的信号弹,用硝酸钾制造紫色的信号弹,用硝酸铜制造绿色的信号弹等。

5.2 化学非致命武器

非致命武器是使人暂时失去抵抗能力、而不会产生致命性的杀伤,也不会留下永久性伤残,能暂时阻止某些车辆装备和设备的正常运行、而不至于造成大规模破坏,并对生态环境破坏极小的特种武器。化学类非致命武器与化学武器有着本质的区别,化学武器属于大规模杀伤性武器,故非致命武器亦被叫作"失能武器"或"软杀伤武器"。

其实一些军事大国如美国、俄罗斯很早就开始了非致命武器的研制和使用,在科索沃战争、阿富汗战争,以及俄罗斯歌剧院恐怖分子劫持人质事件中均使用了非致命武器。非致命武器种类繁多,主要包括反人员化学非致命武器和反装备武器。下面就常见的化学类非致命武器作详细介绍。

5.2.1 反人员化学非致命武器

反人员武器主要包括刺激剂武器,可对人的五官、皮肤和呼吸系统产生强烈刺激,使人出现恶心呕吐、眼睛流泪、呼吸困难等症状,如臭味弹、辣椒素等。温和的反人员武器如胶黏武器、渔网弹等,可束缚人们的行动,使之立即丧失活动能力。

5.2.1.1 臭味弹

人们都有一种"趋香避臭"的本能,臭味弹也就应运而生。化学物质中,臭味物质很多,硫化氢就成了美军臭味弹首选装料。采用的原料通常是多硫化钠与醋酸,两者混合后,就会产生大量恶臭气体,这样的气体把敌人熏得四处躲避,无法集中精力战斗。除此以外,还可选择奇臭无比的乙硫醇(C_2H_5SH)与正丁硫醇($CH_3CH_2CH_2CH_2SH$)等。据报道,只要每升空气中含千亿分之一毫升的正丁硫醇,其周围环境便臭得难以忍受。

5.2.1.2 催泪弹

城市若发生骚乱,为阻止骚乱的人群警方常会扔出催泪弹,这是目前使用非常普遍的非致命武器,具有催泪作用的气体很多,如溴化苄、苯氯乙酮、辣椒素等。值得一提的是,利用邻-氯代苯亚甲基丙二腈($C_{10}H_5ClN_2$)制成的催泪弹,简称 CS 催泪弹,它能击穿距离 80 米远的玻璃窗和 30 米远的汽车玻璃,并放出催泪气体。

5.2.1.3 麻醉弹

麻醉弹是一种迅速使人进入睡眠状态的炸弹,这种炸弹以软质的材料为弹体,爆炸时一般不会伤人。炸弹内装有高效催眠剂,一枚炸弹足以使几十人在极短的时间内进入睡眠状态。2002 年 10 月 26 日,俄罗斯特种部队使用强力麻醉剂——芬太奴(Fentanyl)成功地解救了被车臣叛匪绑架的人质,它的化学结构式如图 5-1 所示。

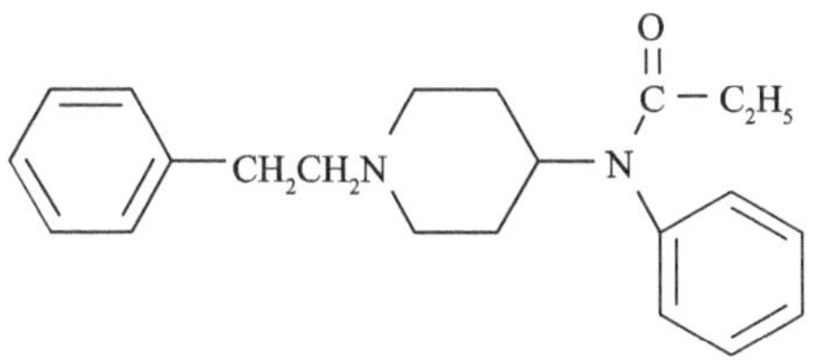

图 5-1 芬太奴(Fentanyl)的结构式

5.2.1.4 超级黏性泡沫

反人员泡沫是一种由发射装置发射的化学黏稠剂,可形成非常稠密、透明和强力的泡沫胶,将人员包裹起来,使被包围的人员既无法听见外界的声音也无法行走,从而丧失作战能力。反人员的"太妃糖"枪便是一种有新型烟雾剂的喷射装置,当化学黏稠剂喷射到人体后,与外界空气充分接触,迅速凝固,形成十分黏稠的胶状物质,将人员牢牢地黏在一起,使其无法行动。反人员的"斗士"网则是一张涂满强力胶的细丝网,可通过发射装置将细丝网射向人员,并将人体罩住,靠强力胶将人员牢牢黏在一起,使其无法行动。20 世纪 90 年代初,美国在索马里的军事行动中遇到了索马里狙击手混在人群中向美军开枪的情况,于是美军立即向人群发射一种称为"太妃糖"枪的化学黏稠剂,从而既使暴乱分子不能动弹,又最小限度减少了对无辜群众的伤害。

5.2.1.5 制痒剂

制痒剂是从一种野生植物的果实中提取的原料,被这种子弹击中的人员虽没有致命危险但会全身奇痒难受,并迅速丧失战斗力。

5.2.2 反装备武器

5.2.2.1 碳纤维弹

利用碳纤维制成丝、卷或团,其导电、绝缘性各异,且质量极轻。若以电厂、变电站、配电站等能源设施为目标,可通过破坏其电力生产、各种输变电功能,而达到破坏以电为能源的军事指挥、通信联络以及各种武器装备的目的。1999 年,在以美国为首的北约对南联盟的轰炸中,美军大量使用了"石墨炸弹",即"碳纤维弹"。使用后,大量碳纤维丝团,像蜘蛛网一样密密麻麻地纷纷飘向电厂、电站,从而造成停电并使得不少电器被烧毁。因此,"碳纤维弹"是反装备武器的典型代表。

5.2.2.2 阻燃爆燃弹

坦克、战车乃至自行火炮等武器均靠发动机来维持运行,故发动机就是车辆的"心脏",一旦发动机失效车辆便不能开动,车辆上的武器也无法正常发挥作用。破坏发动机的方法有很多,向其发射阻燃弹药,使发动机熄火即可达到目的。阻燃弹可内装某种窒息性气体,即某种能在空气中迅速膨胀成泡沫的化学"窒息"的气体,可在发动机附近生成大量泡沫,从而使发动机熄火,但对乘车人员生命并不构成危险。另外,还有爆燃弹,它是一种能使车辆发动机"心力衰竭",从而不能正常运行的非致命弹药。新研制开发的爆燃弹的典型是乙炔弹。乙炔弹的弹体分为两部分:一部分装水,而另一部分装碳化钙。弹体射向车辆后爆炸,水和碳化钙迅速作用产生大量乙炔并与空气混合,组成爆炸性混合物。这样的混合物被车辆发动机吸入气缸后,在高压点火下形成大规模爆燃,从而使发动机熄火。据报道,一枚 0.5 kg 左右的乙炔弹就能破坏一辆坦克,但又不会伤及坦克驾驶员及其乘组人员。

5.2.2.3 腐蚀剂弹

反坦克非致命手榴弹内装有透镜腐蚀剂、雷达腐蚀剂和人员刺激剂,人们可用常规方法将手榴弹投向目标,当对付坦克目标时,其爆炸物覆盖了坦克的透镜,使坦克乘员不能观察目标;当对付步行、乘车或隐蔽于掩体内的士兵时,可使其眼睛暂时失明。胶黏剂反坦克弹可由火箭筒、导弹发射,或运载至坦克周围或坦克上方爆炸,产生黏结性极强的且不透光的胶黏剂云雾。这些云雾胶粒一部分进入坦克发动机后在高温条件下瞬间固化,使发动机的气缸活塞运动受阻,导致"喘振"现象出现,进而使坦克失去机动性能;另一部分胶粒直接涂在坦克的各个光学窗口,遮断观察瞄准仪器的光路,干扰乘员的视线,使坦克丧失机动与战斗能力。

5.2.2.4 超强润滑剂

超强润滑剂类似特氟龙(聚四氟乙烯)和它的衍生物,可由飞机、火炮施放,也可人工涂抹在机场、航母甲板、铁轨乃至公路上。由于这种超润滑剂几乎没有摩擦系数,又极难清洗,一旦在机场、航母甲板、铁轨、公路上使用,会使得车辆无法运行、火车无法开动、飞机难以起降。另外,还可以把超强润滑剂雾化喷入空气里,当坦克、飞机等的发动机吸入后,发动机的功率就会骤然下降,甚至熄火。

5.2.2.5 金属脆化剂

金属脆化剂是一种液态喷涂剂,这种液体喷涂剂一般是透明的,几乎没有明显的杂质,可作为喷洒剂喷涂到金属和合金制造的物品上,使金属或合金分子结构发生变异、脆化,从而使得桥梁失去支撑而坍塌,舰体出现破裂而沉没,机翼出现折断而坠落,坦克装甲变脆而不经打击,从而达到严重损伤敌方武器的目的。

5.2.2.6 超级腐蚀剂

超级腐蚀剂主要包括两类:一类是比氢氟酸强几百倍的腐蚀剂,它可破坏敌方铁路、铁桥、飞机、坦克等,还可破坏沥青路面等;另一类可专门腐蚀、溶化轮胎,它可使汽车、飞机的轮胎即刻溶化报废。因此,它具有极强的腐蚀性,可以"吃掉"任何一种金属、橡胶和塑料,不仅能毁坏坦克和汽车,还可破坏任何一种武器。将超强腐蚀剂喷洒到兵器、仪表、车辆上,或喷洒在机场跑道、公路、工事上,能快速使其遭到腐蚀破坏,或阻止人员去接触、利用它。另外,若将超强腐蚀剂同金属脆化剂结合起来使用,则效果更强。

5.3 化学武器

人类的战争史上,化学武器曾导致约 130 万人伤亡,除德国外,日本在对我国的侵略战争中,如徐州会战、武汉会战中大量使用化学武器,特别令人愤慨的是日军还丧心病狂地对手无寸铁的我国平民使用化学武器。至今,日本留存在我国的化学武器还在威胁中国人民的生命和健康。二战结束至今,在一些世界局部战争和大规模冲突中,如越南战争、两伊战争等战争中,均有国家使用过化学武器。

化学武器对人类的伤害非常大,国际上虽然早就签订了禁止在战争中使用化学武器的公约,但世界各国对于化学武器在现代战争中的地位、作用及预防都十分重视。目前,美国和俄罗斯是化学武器储备最多的国家。

5.3.1　化学武器及其危害

通常,按化学毒剂的毒害作用把化学武器分为六类:神经性毒剂、糜烂性毒剂、失能性毒剂、刺激性毒剂、全身中毒性毒剂、窒息性毒剂。

5.3.1.1　神经性毒剂

神经性毒剂是破坏人体神经的一类毒剂,在现有毒剂中它的毒性最强,主要包括塔崩、沙林、维埃克斯等,均为有机磷酸酯类衍生物。

神经性毒剂可通过呼吸道、眼睛、皮肤等进入人体,并迅速与胆碱酯酶结合使其丧失活性,引起神经系统功能紊乱,从而使人体出现瞳孔缩小、恶心呕吐、流口水、呼吸困难、肌肉震颤、大小便失禁等症状,重者可迅速抽搐致死。1995 年 3 月 20 日上午,日本的邪教组织奥姆真理教成员制造了东京地铁毒气案,所使用的毒剂就是沙林,共造成 12 人死亡和 5 000 多人受伤。

5.3.1.2　糜烂性毒剂

糜烂性毒剂是一类以破坏细胞、使皮肤糜烂为主要特征的毒剂,如芥子气。糜烂性毒剂主要通过呼吸道、皮肤、眼睛等侵入人体,破坏机体组织细胞,造成呼吸道黏膜坏死性炎症,皮肤糜烂,眼睛刺痛、畏光甚至失明,严重时呕吐、便血,甚至死亡。这类毒剂渗透力强,中毒后需长期治疗才能痊愈。抗日战争期间,侵华日军先后在我国 13 个省 78 个地区使用化学毒剂 2 000 多次,大部分是芥子气。其中 1941 年日军在湖北宜昌对中国军队使用芥子气,致使 1 600 人中毒,造成 600 多人死亡。

5.3.1.3　失能性毒剂

失能性毒剂是一类暂时使人的思维和运动机能发生障碍从而丧失战斗力的化学毒剂,如毕兹。失能性毒剂主要通过呼吸道吸入而中毒。中毒症状有瞳孔扩大、头痛幻觉、思维减慢、反应呆痴、四肢瘫痪等。在越南战争中,美军就对越军使用过毕兹。

5.3.1.4　刺激性毒剂

刺激性毒剂是一类刺激眼睛和上呼吸道的毒剂,按毒性作用分为催泪性和喷嚏性毒剂两类。催泪性毒剂主要有氯苯乙酮、西埃斯;喷嚏性毒剂主要有亚当氏气。

刺激性毒剂作用迅速强烈。人体中毒后,出现眼痛流泪、咳嗽喷嚏、皮肤发痒等症状,但通常无致死的危险。刺激性毒剂曾被大量用于战争,后来许多国家也将其用于控制暴乱、维持社会秩序等场合。

5.3.1.5　全身中毒性毒剂

全身中毒性毒剂是一类破坏人体组织细胞氧化功能,引起组织急性缺氧的毒剂,如氢氰酸。

氢氰酸是氰化氢（HCN）的水溶液,有苦杏仁味,可与水及有机物混溶。战争使用状态为气态,主要通过呼吸道进入人体而使人中毒。其症状表现为舌尖麻木、恶心呕吐、头痛抽风、瞳孔散大、呼吸困难等,重者可迅速强烈抽搐而死。第二次世界大战期间,德国法西斯曾用氢氰酸残害了波兰集中营里的 250 万战俘和平民。

5.3.1.6 窒息性毒剂

窒息性毒剂是指损害呼吸器官,引起急性肺水肿而造成窒息的一类毒剂,主要包括光气、氯气等。

光气($COCl_2$)常温下为无色气体,有烂干草或烂苹果味,微溶于水,易溶于有机溶剂。其中毒症状与氯气相似,但毒性比氯气大 10 倍,吸入后有强烈刺激感,出现呼吸困难、胸闷、头痛、发生肺水肿等症状。在高浓度光气中,中毒者在几分钟内由于反射性呼吸、心跳停止而死亡。1951 年,美军在朝鲜南浦市投掷了光气炸弹,致使 1 379 人中毒,480 人死亡。1984 年 12 月 3 日,印度博帕尔市一农药厂发生光气泄漏事故,导致 32 万人中毒,2 500 余人死亡。

随着现代科学技术的发展,化学武器也越来越现代化。其中二元化学武器研制成功是近年来军用毒剂使用原理和技术上的一个重大突破。它的基本原理是:将两种或两种以上的无毒或微毒的化学物质分别填装在用保护膜隔开的弹体内,发射后,隔膜受撞击而破裂,两种物质混合后发生化学反应,在爆炸前瞬间生成一种剧毒药剂。

二元化学武器的出现解决了大规模生产、运输、储存和销毁(化学武器)等一系列技术问题、安全问题和经济问题。与非二元化学武器相比,它具有成本低、效率高、安全可靠,可大规模生产等特点。因此,二元化学武器大有逐渐取代现有化学武器的趋势。

5.3.2　化学武器的特点

化学武器与常规武器相比较有 6 大特点:

1)杀伤途径多,且难于防治

染毒空气可经眼睛接触、呼吸道吸入或皮肤吸收使人中毒;毒剂液滴可直接伤害皮肤或经皮肤渗透使人中毒;染毒的食物和水可经消化道吸收使人中毒。

2)杀伤范围大

化学炮弹比普通炮弹的杀伤面积一般大几倍到几十倍。若使用 5 t 沙林毒剂,受害面积可达 260 km^2,约相当于 2 000 万吨 TNT 核武器爆炸后所产生的受害面积,而且毒剂云团随风扩散后能渗入不密闭、无滤毒设施的装甲车辆、工事和建筑物的内部,还会沉积在堑壕和低洼处,伤害隐蔽于其中的人员。

3)杀伤作用时间长

化学武器的杀伤作用一般可延续几分钟、几小时,甚至几天、几十天。

4)杀伤作用选择性大

能杀伤有生力量而不毁坏物资和设施,故可根据作战需要,选用致死性或失能性、暂时性或持久性的化学武器。

5)效费比高

在每平方千米上造成大量杀伤的成本费用,常规武器为 2 000 美元,核武器为 800 美元,而装有神经性毒剂的化学武器仅为 600 美元。由于化学武器可以用少量成本便可造成大面积杀伤效果,所以又被称为"穷国的原子弹"。

6) 受气象、地形条件的影响较大

大风、大雨、大雪或空气对流等情况,都会严重削弱化学武器的杀伤效果,甚至限制某些化学武器的使用。地形条件对毒剂云团的传播、扩散和毒剂蒸发也有较大影响,可使毒剂的使用效果产生很大的差别。如高地、深谷能改变毒剂云团的传播方向,丛林和居民区也能使毒剂云团不易传播和扩散。

5.3.3 化学武器的防护

化学武器虽然杀伤力大,破坏力强,但由于使用时受气候、地形、战情等影响使其具有很大的局限性,故只要应对措施及时得当,化学武器也是可以防护的。化学武器的防护措施主要有以下几点。

5.3.3.1 及早发现

敌机在城市上空低空飞行并布洒大量烟雾;敌机通过后或炸弹爆炸后,地面有大片均匀的油状斑点;多数人突然闻到异常气味或眼睛、呼吸道受到刺激;观察到大量动物出现异常变化(如蜂、蝇飞行困难,抖动翅膀,或麻雀、鸡、羊等动物中毒死亡);花草、树叶发生大面积变色或枯萎等。总之,对于大面积且同时发生的异常现象,都可能是化学毒区,应及时采取防护措施,并立即报告有关部门侦察断定。

5.3.3.2 妥善防护

防护是阻止毒剂通过各种途径与人员接触的措施,具体措施如下:

1. 利用器材防护

1) 呼吸道和眼睛的防护

遭敌化学袭击时,迅速戴好防毒面具,对呼吸道和眼睛进行防护。防毒面具分为过滤式和隔绝式两种。过滤式防毒面具主要由面罩、导气管、滤毒罐等组成。滤毒罐内装有滤烟层和活性炭。滤烟层由纸浆、棉花、毛绒、石棉等纤维物质制成,能阻挡毒烟、雾、放射性灰尘等毒剂。活性炭经氧化银、氧化铬、氧化铜等化学物质浸渍过,不仅具有强吸附毒气分子的作用,而且有催化作用,使毒气分子与空气及化合物中的氧发生化学反应,转化为无毒物质。隔绝式防毒面具中,有一种化学生氧式防毒面具。它主要由面罩、生氧罐、呼吸气管等组成。使用时,人员呼出的气体经呼气管进入生氧罐,其中的水汽被吸收,二氧化碳则与罐中的过氧化钾或过氧化钠反应,释放出的氧气沿吸气管进入面罩。其化学反应方程式如下:

$$2Na_2O_2 + 2CO_2 \longrightarrow 2Na_2CO_3 + O_2$$
$$2K_2O_2 + 2CO_2 \longrightarrow 2K_2CO_3 + O_2$$

2) 全身防护

当毒剂呈液滴、粉末或雾状时,除防护呼吸道和眼睛外,还要对全身进行防护。这时应披上防毒斗篷或雨衣、塑料布等,同时应防止毒剂液滴溅落在随身携带的装具和武器上,然后利用没有染毒的位置,穿好防毒靴套或包裹腿脚戴好防毒手套。

2. 利用地形防护

利用地形防护化学武器不能像防护核武器那样就低不就高,而要根据地形和风向等条件综合考虑地点,尽量避开易滞留毒剂的地点或区域。

3. 利用工事防护

有条件且情况允许时,除观察和值班人员外,其余人员应立即进入掩蔽工事,关闭密闭门或放下防毒门帘。人员在没有密闭设施的工事内时,一定要戴面具防护。当遭受持久性毒剂袭击后,在离开工事前要进行下肢防护。

5.3.3.3 紧急救治

待敌化学武器袭击停止后,应立即进行自救、互救。急救时,应先戴好防毒面具,再根据人员中毒毒剂的不同采用相应的急救药物和方法。若无法判明属何种毒剂中毒,应按毒性大、致死速度快的毒剂中毒实施急救。通常在肌肉注射解磷针剂的同时,鼻吸亚硝酸异戊酯解磷鼻粉剂。如已判明毒剂种类,应采用相应的急救药物和方法。神经性毒剂中毒时,应立即注射解磷针剂,并进行人工呼吸;氢氰酸中毒时,应立即吸入亚硝酸异戊酯,并进行人工呼吸;刺激性毒剂中毒时,可用清水冲洗眼和皮肤;如出现胸痛和咳嗽难忍时,可吸抗烟剂;糜烂性毒剂中毒时,主要是对染毒部位消毒处理;毕兹中毒时,轻者不用药物急救,严重时可肌肉注射氢溴酸加兰他敏。

5.3.3.4 尽快消毒

人员染毒后必须尽快消毒,尤其是神经性毒剂和糜烂性毒剂,消毒越早,效果越好。

1) 皮肤的消毒

在没有防护盒的情况下,应迅速用棉花、布块、纸片、干土等将毒剂液滴吸去,然后用肥皂水、洗衣粉水、草木灰水、碱水冲洗,或用汽油、煤油、酒精等擦拭染毒部位。

2) 眼睛和面部的消毒

可用2%的小苏打水或凉开水冲洗;伤口消毒时,先用砂布将伤口处的毒剂黏吸,然后用皮肤消毒液加大倍数或大量净水反复冲洗伤口,再进行包扎。

3) 呼吸道的消毒

在离开毒剂区后,立即用2%的小苏打水或净水漱口和洗鼻。此外,对染毒的服装、武器装备、粮食、食品、水、地面等也需进行消毒。

5.3.4 禁止化学武器公约

化学武器的使用给人类及生态环境造成极大的灾难。因此,从它首次被使用以来就受到国际舆论的谴责,被视为一种暴行。为制止这种罪恶行径,英国、法国、德国等国在19世纪中期研制出化学武器后不久,于1874年召开的布鲁塞尔会议上就提出了禁止化学武器的倡议。1899年在海牙召开的和平会议上通过的《海牙海陆战法规惯例公约》中又明确规定禁止使用毒物和有毒武器。1925年在日内瓦又签订了《关于禁用毒气或类似毒品及细菌方法作战协定书》,它是有关禁止使用化学武器的最重要、最权威的国际公约。中国早在1929年就加入了《日内瓦协定书》。新中国成立后,中央政府对其重新进行审查,于1952年宣布予以承认,并在各国对于该协定书互相遵守的原则下,予以严格执行。1989年1月7日在巴黎召开了举世瞩目的禁止化学武器国际会议,会议通过的《最后宣言》确认了《日内瓦协定书》的有效性,并呼吁早日签订一项关于禁止发展、生产、储存及使用一切化学武器并销毁此类武器的国际公约。

1993年1月13日,《禁止发展、生产、储存和使用化学武器及销毁此种武器的公约》(简称

《禁止化学武器公约》)签约大会在巴黎联合国教科文组织总部召开。来自世界 120 多个国家的外长及政府代表出席了会议,其中大多数国家在公约上签了字,中国外长钱其琛代表中国政府在公约上签字。截至 2002 年 6 月 21 日,全世界已有 174 个国家和地区签署了该公约,145 个国家批准了该公约。

5.4　核武器

我们通常说的核武器,又叫原子武器,它是利用原子核反应在瞬间释放出巨大能量而起杀伤破坏作用的武器。原子核反应包括两种形式:一种是重原子核分裂为两个较轻的原子核,即核裂变;另一种是两个轻原子核结合成一个较重的原子核,即核聚变。利用核裂变原理制造的核武器是原子弹,我们称之为第一代核武器。而利用核聚变原理制造的核武器是氢弹,我们称之为第二代核武器。

核武器威力的大小一般用 TNT 当量(简称当量)来表示,当量是指核武器爆炸时放出的能量相当于多少质量的 TNT 炸药爆炸时放出的能量。核武器的威力按当量大小分为千吨级、万吨级、十万吨级、百万吨级和千万吨级。核武器可制成弹头,装在导弹上射向目标,可以从陆上发射或从水面舰艇发射,也可以由潜艇在水下发射。核武器还可以制成炸弹由飞机空投,制成炮弹由火炮发射,或者制成地雷、鱼雷等。

5.4.1　核武器的主要杀伤因素

核武器的主要杀伤因素有冲击波、光辐射、贯穿辐射和放射性沾染。此外,核爆炸所产生的次级效应——核电磁脉冲也会产生巨大的破坏作用。

5.4.1.1　冲击波

冲击波是由于核爆炸时产生的巨大能量在百万分之几秒时间内从极为有限的弹体中释放出来,使气体等介质受到急剧压缩而产生的高速高压气浪。爆炸中心迅速向四周膨胀,在极短的时间(数秒至数十秒)内对人员、物体造成挤压、抛掷作用而产生巨大的破坏。冲击波所到之处,建筑物倒塌,砖瓦、沙子、玻璃碎片四处横飞,使人体出现肺、胃、肝、脾出血破裂等严重内伤和骨折。

5.4.1.2　光辐射

光辐射是在核爆炸反应区内形成的高温高压炽热气团(火球)向周围发射出的光和热。光辐射会引起可燃物质的燃烧,造成建筑物、森林的火灾,使飞机、坦克、大炮成为废金属,并能引起人员的直接烧伤或间接烧伤,也可以使直接观看到火球的人员发生眼底烧伤。

5.4.1.3　贯穿辐射

贯穿辐射是在核爆炸后的数秒钟内辐射出的高能 γ 射线和中子流,其穿透能力极强,能引起周围介质的电离,严重干扰电子通信系统,并可使人体的细胞和器官因电离而遭到破坏。

5.4.1.4　放射性沾染

放射性沾染是核爆炸发生 1 分钟左右以后剩余的核辐射,它是由大量核反应产物的散布形成的。随着这些放射性产物的衰变,释放出对生物有害的 γ 射线、α 射线和 β 射线,使人体受到伤害。放射性沾染的持续时间为几小时至几十天不等。

5.4.2 原子弹

5.4.2.1 原子弹的威力

原子弹是利用核裂变释放出的巨大能量以达到杀伤破坏作用的一种爆炸性核武器。第二次世界大战中,由于担心纳粹德国可能的原子武器的威胁,爱因斯坦致信美国总统罗斯福,建议美国赶紧研制原子弹。在原子弹之父、美籍犹太人学者奥本海默的领导下,美国于 1945 年成功制造出三颗原子弹,同年 8 月 6 日美国在日本广岛上空投下了其中的一颗原子弹,使这个 200 余万人的城市转眼间变成废墟。三天后,日本长崎遭到同样的命运。据有关资料记载,广岛 24.5 万人中死伤、失踪超过 20 万人,长崎 23 万人中死伤、失踪近 15 万人,两个城市毁坏的程度达 60%～80%。

5.4.2.2 原子弹的爆炸原理

原子弹主要由引爆控制系统、炸药、中子反射体、核装料和弹壳等结构部件组成。引爆控制系统用来适时引爆炸药;炸药是推动、压缩反射层和核部件的能源;中子反射体由铍或 ^{238}U 构成,用来减少中子的漏失;核是 ^{235}U 或 ^{239}Pu。

原子弹爆炸的原理是,在爆炸前将核原料装在弹体内分成几小块,每块质量都小于临界质量(原子弹中裂变材料的装量必须大于一定的质量才能使链式裂变反应自持进行下去,这一质量称为临界质量)。爆炸时,引爆控制系统发出引爆指令炸药起爆;炸药的爆炸产物推动并压缩反射体和核装料,使之达到超临界状态;核点火部件适时提供若干“点火”中子,使核装料内发生链式裂变反应。裂变反应产物的组成很复杂,如 ^{235}U 裂变时可产生钡和氪,或氙和锶,或锑和铌等:

$$^{235}_{92}U + {}^{1}_{0}n \rightarrow \begin{cases} \nearrow {}^{144}_{56}Ba + {}^{89}_{36}Kr + 3{}^{1}_{0}n \\ {}^{140}_{54}Xe + {}^{94}_{38}Sr + 2{}^{1}_{0}n \\ \searrow {}^{133}_{51}Sb + {}^{99}_{41}Nb + 4{}^{1}_{0}n \end{cases}$$

连续核裂变释放出巨大的能量,瞬间产生几千万摄氏度的高温和几百万个大气压,从而引起猛烈的爆炸。爆炸产生的高温高压以及各种核反应产生的中子、γ 射线和裂变碎片,最终形成冲击波、光辐射、贯穿辐射、放射性沾染和电磁脉冲等杀伤破坏因素。

5.4.2.3 原子弹制造的关键——核浓缩

核反应的实现当然离不开一定的核材料,找遍大千世界也只有两种:铀 235 和钚 239。组成天然铀的原子有三种同位素:铀 234、铀 235 和铀 238。作为同一种元素,它们的化学性质基本相同,差别表现在物理性质上,主要就是质量不一样。很明显,铀 238 的原子最重,铀 235 次之,铀 234 最轻。铀的三种同位素都能发生裂变,但只有铀 235 更易于裂变,也只有它才可以形成链式反应。一旦点燃了它的裂变反应,它就不再需要借助外力,自己能够“滚雪球”一样将反应过程自动地进行下去。因为具备了上述两个至关重要的条件,所以铀 235 也就当仁不让地成为裂变材料的首选。

不过,铀 235 在天然铀中的含量很低,只有 0.72%,要制造有实战意义的原子弹必须用某种方法把它的浓度提高到 90% 以上,否则制造出的武器恐怕要几十吨重,没有任何军事价值。所谓的浓缩铀,就是铀 235 的含量超过了天然铀。制备浓缩铀的目的有两个:一是生产原子弹用的核材料,二是供核电站使用。不过核电站的核材料不需要浓度太高,铀 235 的含量在 3%~4%就可以了。这样的话就出现了一个问题,有些国家可能打着和平利用核能的"旗号"来发展武器级的浓缩铀,目前的伊朗核问题就是争论的焦点之一。因此,曾有国际原子能机构的专家认为,伊朗的浓缩铀超出民用水平,是在利用民用计划掩盖武器开发。

铀浓缩成本极其高昂,难度之大超乎想象。淘金够复杂的吧? 但它比淘金要难成千上万倍。金子和沙子是完全不同的两样东西,而铀的三种同位素是化学性质相同的物质。现在一般是先使铀生成 UF_6 气体($56.4℃$ 即升华为气体),利用它们在质量上的微小差别(差 0.8%),用高速离心机进行分离,为此需要的离心机不是几台,而是成千上万台。当年我国是倾举国之力、花了四年的时间才提炼出了足以装填一颗原子弹的浓缩铀。因此,当美国人发现我们的第一颗原子弹是铀弹的时候非常震惊,这说明我们在核工业初期就超过了苏联和英国、法国,因为这三个国家最初用的都是相对来说比较容易得到的钚。浓缩铀的关键是离心机,目前掌握了这个技术的只有少数国家,属国际上严禁扩散的技术。

另一种裂变材料钚是人工元素,它的产生其实就是一个点石成金的过程。钚就是从铀 238 得来的,在反应堆当中,铀 238 通过吸收中子,经过两次 β 衰变,最后就变成了钚 239,再用化学方法将钚 239 与铀 238 分离。因为它们不是同一种元素,所以分离会比较容易一些。钚 239 的核性能超过铀 235,它的裂变性能好,临界质量小,作为原子弹的核材料,它可以使核武器具有当量大、体积小等优点。但是钚的毒性大,放射性强,实际生产成本超过铀 235。

钚是人工元素,所以它的生产就和核电站扯上了关系。对于得到国际法承认的五个有核国家来说,当然可以公开地建立产钚的军用反应堆,这是合法行为。但是,对于那些不能有核的国家来说,有没有什么办法可以避开国际社会的监视和制裁,在一个"冠冕堂皇"的招牌下悄悄地生产钚呢? 有,这就是利用核电站的反应堆。在核电站使用的核材料当中,参与裂变反应的只有铀 235,剩下的大量铀 238 怎么办? 当然不会当垃圾一样扔掉,可以变废为宝、循环利用,通过让它吸收中子来造钚。所谓的乏燃料棒,就是裂变反应之后的废燃料棒。不同类型的反应堆产钚的能力差别很大。轻水反应堆技术成熟,容易控制,产生的终极产物少,相对来说利用它开发武器的可能性不大;而重水堆、石墨堆和快中子堆用过的废燃料棒都可以用来再加工提炼武器级的钚,特别是石墨反应堆,它就是在专门用于生产钚的军用反应堆的基础上发展起来的。所以我们也就不难理解,为什么在两次朝核危机中,美国一直强调朝鲜搞核电站只能使用轻水反应堆,而不能使用重水或石墨反应堆。

5.4.3　氢弹

氢弹是利用氢的同位素氘、氚等轻原子核在高温下的核聚变反应放出巨大能量而产生杀伤破坏作用的一种爆炸性核武器,属于第二代核武器。

在氘、氚原子核之间发生的聚变反应主要是氘氘反应和氘氚反应,其核反应式如下:

$$^2_1H + ^2_1H \rightarrow ^3_1H + ^1_1H$$

$$^2_1H + ^3_1H \rightarrow ^4_2He + ^1_0n$$

从上述反应式可知,核聚变就是两个轻原子核结合成一个较重的原子核的反应过程。原子核带正电,让两个都带正电的原子核聚合在一起非常困难,因为同性相斥嘛。怎么才能让它们发生聚变呢？关键是要设法冲破它们之间的斥力,也就是说,要赋予原子核一个初始能量,让一个原子核以极高的速度向着另一个原子核冲过去,使两个原子核结合在一起。物理学知识告诉我们,分子运动的速度会随着物质温度的升高而加快。所以,你只要将聚变材料的温度升到足够高,聚变反应就能够实现。利用这种办法发生的聚变反应就是我们通常所说的热核反应,由此制成的核武器也就叫热核武器。太阳其实就是一个巨大的氢核聚变装置,它由无数的氢原子组成,在中心超高温和超高压下,这些氢原子核互相作用,发生核聚变,同时释放巨大的光和热。受到太阳的启示,物理学家们早在 20 世纪 30 年代就了解了聚变的原理。

既然如此,那为什么氢弹的出现要晚于原子弹呢？最根本的原因是,实现核聚变的条件必须由原子弹爆炸来提供。根据计算,实现聚变反应所需要的温度在一千四百万～一亿摄氏度之间。这样的高温在自然界当中当然不存在,在实验室里也无法达到。直到原子弹爆炸成功以后,人们才惊奇地发现,原子弹爆炸时产生的高温能够满足聚变反应所需要的条件。

于是,科学家就在氢弹中设计了一个来"点燃"热核爆炸的起爆原子弹,并把它称为"扳机"系统,也称作"初级"。换句话说,氢弹里面还包括了一个充当"火柴"角色的小型原子弹,它是先发生核裂变,再用核裂变创造的条件点燃核聚变,聚变这个部分叫"次"级。在氢核当中,氢的同位素氘和氚的原子核间的斥力最小,因此就被选作氢弹的装料,氢弹的称谓也就由此而来。

5.4.4 中子弹

中子弹又称增强辐射弹,它实际上是一种靠微型原子弹引爆的特殊的超小型氢弹。

一般氢弹由于加一层^{238}U外壳,氢核聚变时产生的中子被这层外壳大量吸收,产生了许多放射性沾染物。中子弹去掉了外壳,核聚变产生的大量中子就可毫无阻碍地大量辐射出去,同时却减少了光辐射、冲击波和放射性污染等破坏性因素。

中子弹的内部构造大体分四个部分。弹体上部是一个微型原子弹,上部中心是一个亚临界质量的^{239}Pu,周围是高能炸药。下部中心是核聚变的心脏部分,称为储氚器,内部装有含氘氚的混合物。储氚器外围是聚苯乙烯,弹的外层用铍反射层包着。引爆时,炸药给中心钚球以巨大压力,使钚的密度剧烈增加。这时压缩的钚球达到超临界而起爆,产生了强 γ 射线和 X 射线及超高压。强射线以光速传播,比原子弹爆炸的裂变碎片膨胀快 100 倍。当下部的高密度聚苯乙烯吸收了强 γ 射线和 X 射线后,便很快变成高能等离子体,使储氚器里的氘氚混合物承受高温高压,引起氘和氚的聚变反应,放出大量高能中子。铍作为反射层,可以把瞬间发生的中子反射回去,使它充分发挥作用。同时,一个高能中子打中铍核后,会产生一个以上的中子,称为铍的中子增殖效应。这种铍反射层能使中子体积大为缩小,因而中子弹的体积可做得很小。

中子弹的核辐射是普通原子弹的 10 倍,如一颗 1 000 t 当量的中子弹,杀伤坦克装甲车乘员的能力相当于一颗 5 万吨级的原子弹。中子弹的光辐射、冲击波、放射性等破坏性因素却很小,只有普通原子弹的 1/10,如 1 000 t 当量的中子弹的破坏半径仅 180 m,污染面积很小。中子弹爆炸时所释放出来的高速中子流,可以毫不费力地穿透坦克装甲、掩体和砖墙,当中子流进入人体后,能破坏人体组织细胞和神经系统,从而杀伤包括坦克乘员在内的有生力量,但又不严重破坏坦克、装备物资以及地面建筑,从而可使坦克、装备和物资成为自己的战利品。

中子弹也可用于阻击来袭核导弹和敌空军机群。中子弹爆炸后产生的大量中子射向来袭导弹,可使核弹头的核装料发热、变形而失效;可以杀伤飞行员而造成机毁人亡。另外,由于中、高空大气的空气密度很小,对中子的衰变能力较弱,故中子弹在中、高空的作用距离很大,所以用中子弹来对付核导弹和空军机群是非常有效的。因此,如果爆发核战争并广泛使用中子武器,那么战后城市也许将不会像使用原子弹、氢弹那样成为一片废墟,但人员伤亡却会更大。

5.5　现代武器装备与化学

现代战争是以各种高新技术为基础的战争,而不论是最普通的炸药,还是制造战机、导弹等现代高科技武器装备所用的各种新材料,都离不开化学知识的应用。

5.5.1　高能炸药

武器的威力与它自身携带的总能量有关,若同等质量下某武器携带的总能量越高,则该武器的威力就越大。第二次世界大战前,TNT 是已知威力最大的炸药,而在第二次世界大战期间,开发出了威力更大的炸药——黑索金(环三次甲基三硝胺)。以黑索金为主要成分的 B 炸药的杀伤威力比 TNT 高 35%。第二次世界大战后,又开发出了能量更高的炸药——奥克托金(环四次甲基四硝胺),被主要用作导弹和核武器的弹药。1987 年,美国首次合成高能炸药 CL - 20(六硝基六氮杂异戊烷),若以 CL - 20 为主要成分作为推进剂,可使火箭助推装置的总冲量提高 17%,作为火炮发射药可使坦克炮的远程发射距离提高 1.2 km,弹丸初速提高 50 m/s。采用环氧乙烷、氧化丙烯组成的液体炸药的燃料空气炸弹和炮弹能使大范围的云雾发生爆炸,并产生高温和强大的冲击波,不仅能有效地对付陆地目标,而且能摧毁舰艇、导弹等目标。

5.5.2　军用新材料

5.5.2.1　复合材料

武器装备的水平高低是衡量一个国家国防实力的重要标志。高性能的新型武器的出现往往与军用新材料的开发应用密切相关。任何一种新武器装备系统,离开新材料的支撑都是无法制造出来的。因此,1991 年的海湾战争被看作是高新技术武器和军用新材料的实验场。无论是精确制导武器、反辐射导弹,还是隐身飞机、复合装甲坦克,无一例外地都与新材料的应用紧密联系。

金属基复合材料具有高的比强度、高的比模量、良好的高温性能、低的热膨胀系数、良好的尺寸稳定性、优异的导电导热性,在军事工业中得到了广泛的应用。铝、镁、钛是金属基复合材料的主要基体,而金属复合材料可用于大口径的尾翼稳定脱壳穿甲弹的弹托,也可用于反直升机/反坦克的多用途导弹固体发动机壳体等零部件,从而减轻战斗部(指由壳体、装填物和引爆装置等组成的系统)质量,提高作战能力。

新型结构陶瓷具有硬度高、耐磨性好、耐高温的特点,适合应用于坦克及装甲车的发动机。与金属发动机相比,陶瓷发动机无须冷却系统,发动机自重因陶瓷密度小可减轻 20%,从而节省燃料 20%~30%,提高工作效率 30%~50%。

5.5.2.2　隐形武器

现代电子技术的迅速发展,使战争中的坦克、飞机、导弹及卫星的一举一动,都处在"千里眼"——雷达及其他各种光电探测仪的监视之下,往往攻击者还没有到达攻击目的地却已被发现,处于被动挨打的位置。因此,科学家又开始研制隐形武器。隐形武器主要是通过运用先进的科学技术对各种武器进行伪装,并使其不被雷达发现,从而提高自己的突袭能力和生存能力。

科学家们发现,雷达发出的波束当遇到某些障碍物时会在雷达屏幕上显示出回波,如果采用先进的技术,吸收雷达的反射波或实施电子干扰,从而"淹没"雷达反射波,就会达到隐身的目的。

制造隐形武器有三种方式:一是改善武器的结构外形,减少雷达反射面,使反射在雷达屏上的截面积变小;二是采用能吸收雷达波的原材料,如在金属表面涂上一层能够吸收雷达波的涂料,这种武器就不会在敌人的雷达屏上出现,变成了"透明体";三是改进电子对抗设备,快速精确地查明敌方雷达的方位,实施强烈干扰或诱骗。

制造隐形武器的化学方法之一便是在武器装备的表面涂一层隐形材料,使得雷达接收目标散射的截面积减小或改变形状。如美国研制的"铁球"涂料和"超黑色"涂料,均已被广泛应用到各种隐形武器上,其中,F-117隐形飞机和"战斧"式巡航导弹等都运用了这一技术。B-2隐形轰炸机还采用了聚酰亚胺和其他高性能的合成树脂为基材、聚酰胺纤维及碳纤维增强的复合材料及特殊结构的高分子涂料等,从而实现对雷达的隐形。在该机的尾喷管中,氯氟硫酸被喷混在尾气中,从而消除发动机的目视尾迹。

另一种方法是等离子云隐形:即把一种等离子体涂在武器装备的表面,就能在其周围形成"等离子云",从而降低被敌雷达发现的概率。这种"等离子云"既能吸收无线电波,又能吸收红外辐射,还能对敌发出假信息。与传统的隐形材料相比,这种隐形有四大优点:一是吸波频带宽,吸收率高,隐形效果好;二是无须改变武器装备外形,使用寿命较长且十分方便;三是使用及维护费用低;四是能减小飞机等目标的飞行阻力。

5.5.2.3　防弹纤维复合材料

据有关媒体报道,在伊拉克一次反恐行动中,英国驻伊拉克部队的12名士兵遭到反政府武装袭击,在以少敌多的情况下,英军士兵以一人死亡的微小代价奇迹般地冲出了包围。死里逃生的英军士兵所穿戴的防弹衣被密集的子弹打得像蜂窝一样,最多的一名士兵身上中了12枪,但没有一件防弹衣被子弹击穿,死亡的那名士兵是因为被流弹击中无防护的脑部。值得一提的是,这些防弹衣都是由浙江慈溪大成新材料股份有限公司制造的。

防弹纤维复合材料具有优良的物理机械性能,其比强度和比模量比金属材料高,其抗声震疲劳性、减震性也大大超过金属材料。此外,它具有良好的动能吸收性,且无"二次杀伤效应",因而具有良好的防弹性能。更重要的是,在抗弹性能相同的情况下,它的质量较金属装甲显著减轻,从而使武器系统具有更高的机动性。英美两国都将纤维增强树脂基复合材料作为坦克车体首选材料,其原因在于树脂基复合材料不仅具有一定的抗弹能力,还可减小雷达反射截面积,更重要的是可使坦克质量减轻达30%～35%。

碳纤维复合材料具有强度高、刚度高、耐疲劳、质量轻等优点。美国采用这种材料使AV-8B垂直起降飞机的质量减轻了27%,F-18战斗机减轻了10%。采用纤维复合材料还可显著减轻火箭和导弹的质量,从而既减轻发射质量,又可节省发射费用或携带更重的弹头或增加有效射程和落点精度。

军用新材料还广泛用于后勤装备方面。20 世纪 80 年代,美国开发了一种名叫"高尔泰克斯"的军用新材料,用这种新材料制成的冬服,虽然比原冬服质量减轻 28％,但保暖性却提高 20％,而且还防雨水,人体蒸发的汗也能顺利地排出去。日本研制了含有 65％的芳香族聚酰胺和 35％耐热处理棉纤维的混纺织物,用其制成的新型迷彩服可在 12 s 内承受 800℃高温,这就意味着能显著降低战场烧伤率。

5.5.2.4　贫铀材料

从上述有关核浓缩一节可知,天然铀中铀 235 的含量为 0.714％,当铀 235 的含量小于 0.714％时就称为贫铀。随着核工业和核武器的不断发展,贫铀作为分离浓缩铀后的尾料与日俱增。据资料统计,每生产 1 kg 含 3％铀 235 的核燃料就会产生 5～6 kg 的贫铀,如美国 1988 年的贫铀库存就达到了 70 万吨。除美国外,现在世界上拥有核电站的国家都囤积着大量的贫铀,大量的贫铀对于保存者来说无疑是一个巨大的负担,但弃之似乎又可惜了,于是对贫铀的开发利用成为各国军事工业的研究课题。

贫铀材料具有如下特点:

(1) 贫铀合金密度高、强度大,不易断裂,比钨合金更胜一筹。

(2) 贫铀合金冶炼方便,可用普通的真空熔炼法冶炼。

(3) 贫铀是分离浓缩铀的尾料,不仅价格相对较低,来源也较丰富。

因此,从 20 世纪 60 年代中期开始,美国为寻求有效对付装甲目标的新型穿甲弹,着手秘密研究含铀合金在军事上的应用。经过大量的试验,选用铀-钛合金来作为穿甲弹,随后,又为其舰艇的近程武器装备贫铀弹。至此,贫铀弹以其强大的穿甲能力和巨大的毁伤后效而被一些发达国家用来装备军队,如被大量用于坦克炮等反装甲火器,用来攻击坦克、舰艇、钢筋混凝土工事等重装甲目标。

最早的化学战——伊珀尔毒气战

早在一个世纪前的第一次世界大战期间,化学武器的威力就已初露锋芒。当时协约国部队同德军在比利时西部的伊珀尔地区进行了长达 3 年的拉锯战,人类史上首次大规模使用化学武器的伊珀尔毒气战就在这期间发生了。1915 年 4 月 22 日,德军为报复协约国部队在香槟和新沙佩勒的进攻,并掩护其向东线调动军队的行动而发起了伊珀尔毒气战。在战线前沿宽 6 千米的区域内预先布置安放了约 6 000 罐(约 18 万千克)氯气吹放钢瓶,利用有利于自己的气象条件,向协约国部队阵地吹放,协约国部队毫无防范,此次毒气战造成协约国部队约 1.5 万人中毒,5 000 人死亡,致使协约国部队阵地宽 10 千米、深 7 千米的防守地带形同虚设。一位战地记者进行了如此的描述:"他们已经死亡,两手伸展着好像要挥去上方的死神。尸体遍野,他们极度痛苦的肺在喘息,满嘴都是黄色液体。"这就是人类战争史上的第一次化学战——伊珀尔毒气战。

第6章 化学与健康

6.1 人体内的化学

生命过程是生物体发生各种物质和能量转化的综合结果。人体是由化学元素组成的,构成地壳的 90 多种元素在人体内几乎均可找到,但并不是所有的元素都是人体所必需的。环境、饮食习惯等都会影响人体内化学元素的平衡,人体内多种化学元素又是影响健康的重要因子。不同的化学元素在人体内有不同的功能,它们在人体内构成各种有机化合物,进行多种化学反应,维持人体的正常新陈代谢。人体健康是体内多种化学平衡的结果,故平衡就是和谐,就是人体健康的重要保证。

6.1.1 人体内的化学成分

人体内的 25 种元素中氧、碳、氢、氮、钙、磷、钾、硫、钠、氯和镁 11 种元素占人体质量组成的 99.9%,称为常量元素;硅、铁、氟、锌、碘、铜、钒、锰、铬、钴、硒、钡、锡和镍 14 种元素,占人体质量不到 0.1%,称为微量元素,它们含量虽少但对人体健康的影响是至关重要的。医生可根据人体组织或体液中某一元素的含量作为疾病诊断和治疗的依据;营养学家可根据人体内对某元素的需求和现有水平,掌握人体营养状况并进行调节。除了上述 25 种元素外,还有 30 种左右元素在人体各种组织中普遍存在,它们对人体健康的生物效应和作用至今还未被人们认识。还有少量的有毒元素,如铅、镉、汞、镭等,它们是人体不需要的有毒物质,在人体中能检测到,但含量极微,对人体健康一般不会造成影响。

6.1.1.1 人体内的常量元素

人体中的常量元素有碳、氢、氧、氮、硫、氯、钙、镁、钠等 11 种元素,占体重的 99.9%。碳、氢、氧、氮是组成人体有机质的主要元素,占人体总质量的 96% 以上,还有少量的硫(0.25%)也是组成有机质的元素,具体组成见表 6 - 1。

表 6-1　人体的必需元素

元素	体内含量/g	质量分数/%	元素	体内含量/g	质量分数/%
氧 O*	43 000	61	铅 Pb	0.12	0.000 17
碳 C*	16 000	23	铜 Cu*	0.072	0.000 10
氢 H*	7 000	10	铝 Al	0.061	0.000 09
氮 N*	1 800	2.6	镉 Cd	0.050	0.000 07
钙 Ca*	1 000	1.4	硼 B	<0.048	0.000 07
磷 P*	720	1.0	钡 Ba	0.022	0.000 03
硫 S*	140	0.20	硒 Se*	0.020	0.000 03
钾 K*	140	0.20	锡 Sn*	<0.017	0.000 02
钠 Na*	100	0.14	碘 I*	0.018	0.000 02
氯 Cl*	95	0.12	锰 Mn*	0.012	0.000 02
镁 Mg*	19	0.027	镍 Ni*	0.010	0.000 01
硅 Si*	18	0.026	金 Au	<0.010	0.000 01
铁 Fe*	4.2	0.006	钼 Mo*	<0.009 3	0.000 01
氟 F*	2.6	0.003 7	铬 Cr*	<0.006 6	0.000 009
锌 Zn*	2.3	0.003 3	铯 Cs	0.001 5	0.000 002
铷 Rb	0.32	0.000 46	钴 Co*	0.001 5	0.000 002
锶 Sr	0.32	0.000 46	钒 V*	0.000 7	0.000 001
溴 Br	0.20	0.000 29			

钙占人体质量的 1.4% 左右,其中 99% 存在于骨骼和牙齿中,血液中占 0.1%。离子态的钙可促进凝血酶原转变为凝血酶,使伤口处的血液凝固。钙在其他多种生理过程中都有重要作用,如在肌肉的伸缩运动中,它能活化 ATP 酶,保持肌体正常运动。成人对钙的日需要量推荐值为 1.0 克/日以上。奶及奶制品是理想的钙源,此外海参、黄玉参、芝麻、蚕豆、虾皮、小麦、蜂蜜等也含有丰富的钙。葡萄糖酸钙及乳酸钙易被吸收,是较理想的钙的补充剂。

成年人体内磷的含量约为 720 克,80% 以不溶性磷酸盐的形式沉积于骨骼和牙齿中,其余主要集中在细胞内液中。它是细胞内液中含量最多的阴离子,是构成骨质、核酸的基本成分,既是肌体内代谢过程的储能和释能物质,又是细胞内的主要缓冲剂。缺磷和摄入过量的磷都会影响钙的吸收,而缺钙也会反过来影响磷的吸收。

镁在人体内含量约为人体质量的 0.03%,它是生物必需的营养元素之一。人体内镁 50% 沉积于骨骼中,其次是细胞内部,血液中只占 2%,镁和钙一样具有保护神经的作用,是很好的镇静剂,严重缺镁时,会使大脑的思维混乱,丧失方向感,产生幻觉,甚至精神错乱。镁是降低血液中胆固醇的主要催化剂,又能防止动脉粥样硬化,所以摄入足量的镁,可以防治心脏病。镁又是人和哺乳类动物体内多种酶的活化剂。人体中每一个细胞都需要镁,它对蛋白质的合成、脂肪和糖类的利用及数百组酶系统都有重要作用。镁还是利尿剂和导泻剂。若镁摄入过量也会导致镁、钙、磷从粪便、尿液中大量的流失,而导致肌肉无力、眩晕、丧失方向感、反胃、心跳变慢、呕吐甚至失去知觉。因此对钙、镁、磷的摄入都要适量,符合平衡比例。镁最佳的来源是坚果、大豆和绿色蔬菜。

钠、钾、氯是人体内的宏量元素,分别占人体质量的 0.14%、0.20%、0.12%,钾主要存在于细胞内液中,钠则存在于细胞外液中。而氯则在细胞内、外体液中都有存在。Na^+ 在体内起钠泵的作用,调节渗透压,给全身输送水分,使养分从肠中进入血液,再由血液进入细胞中。它们对于内分泌来说非常重要,钾有助于神经系统传达信息。氯用于形成胃酸。这三种物质每天均会随尿液、汗液排出体外,健康人每天的摄入量与排出量大致相同,保证了这三种物质在体内的含量基本保持不变。钾主要由蔬菜、水果、粮食、肉类供给,而钠和氯则由食盐供给。人体内的钾和钠之间必须保持均衡,过多的钠会使钾随尿液流失,过多的钾也会使钠严重流失。钠会促使血压升高,因此,摄入过量的钠会患高血压症,而且具有遗传性。钾可激活多种酶,对肌肉的收缩非常重要,没有钾,糖无法转化为能量或储存在体内的肝糖原中(为新陈代谢提供能量的物质)。肌肉无法伸缩,就会导致麻痹或瘫痪,此外细胞内的钾与细胞外的钠,在正常情况下能形成平衡状态,当钾不足时,钠会带着许多水分进入细胞内使细胞胀裂,形成水肿。此外,缺钾还会导致血糖降低,而没有充足的镁会使钾脱离细胞,被排出体外,从而导致细胞产生缺钾使心脏停止跳动。

6.1.1.2 人体内必需的微量元素

到目前为止,发现人体必需的微量元素有:氟、硅、钠、铬、锰、铁、钴、镍、铜、锌、硒、钼、锡和碘 14 种,它们占人体总质量比例不到 0.05%,含量虽少,但对人体的健康却至关重要。

人体必需的微量元素中铁含量最多,成年人体内约含 4~5 g,其中 73% 存在于血红蛋白中,3% 存在于肌红蛋白中,它起着将氧输送到肌体中每一个细胞中的作用,其余部分主要储存于肝中,铁是多种酶的成分。铁对于少年儿童的发育非常重要,特别是针对 6~24 个月的婴幼儿,缺铁时会使大脑发育迟缓、受损。人体缺铁会导致缺铁性贫血,人会感到体虚无力,严重时发展为缺铁性心脏病。动物性食品与植物性食品相比其中的铁更易被吸收,但总的吸收率不高,而无机铁的吸收率较高。

成人体内含锌量为 2~3 g,锌是人体七十多种酶的组成成分,参与蛋白质和核酸的合成,因此锌是维持人体正常发育的重要元素之一。缺锌会影响很多酶的活性,进而影响整个机体的代谢;锌蛋白就是味觉素,缺锌时味觉不灵,使人食欲不振;锌是维持维生素 A 正常代谢的必需元素、增强眼睛对黑暗的适应能力;胰腺中锌含量若降至正常人一半时,易患糖尿病;缺锌还会使男性性成熟较晚,严重时会造成不育。动物食品中锌的生物有效性优于植物食品,但总的情况是人体对食物中锌的吸收利用率较低。

人体内含碘量为 20~50 mg,其中 20%~30% 集中在甲状腺中,它构成甲状腺素和三碘甲状腺素,该类物质的功能是控制能量的转移、蛋白质和脂肪的代谢、调节神经与肌肉功能、调控毛发与皮肤的生长。孕妇怀孕期间若缺碘则会引起胎儿发育不正常,严重时会生出低能儿、畸形儿,甚至胎死腹中。一般情况下,人缺碘会造成甲状腺肿大,肿大的甲状腺消耗更多的碘,使甲状腺细胞分解,而降低分泌甲状腺素的功能,就会使人感到疲倦、懒散、畏寒、性欲减退、脉搏减缓、低血压。另外,缺碘与甲状腺癌、高胆固醇及心脏病致死都有很大关系。

人体内含氟量约为 2.6 g,主要分布在骨骼与牙齿中,其生理功能是防止龋牙和老年骨质疏松症。氟又是一种积累性毒物,体内含量高时会发生氟斑牙,长期较大剂量摄入时会引发氟骨病,即骨骼变形、变脆、易折断。过量的氟还能损伤肾功能。每人每天摄入推荐量为 2~3 mg。海鲜、茶叶中都含有丰富的氟,含氟为 0.5~1.0 mg/L 的生活饮用水是供给氟的最好来源。

人体内的铜可以促进肠道对铁的吸收,促使铁从肝及网状内皮系统的储藏中释放出来,故铜对血红蛋白的形成起重要作用,缺铜也会导致缺铁性贫血;铜对许多酶系统和核糖核酸(RNA、DNA)的制造有重要的作用,它也是细胞核的一部分。它还有助于骨骼、大脑、神经、结缔组织的发育,缺铜会造成骨质疏松、皮疹、脱毛、心脏受损,还会使毛发黑色素丧失、动脉弹性降低。体内铜/锌比值降低时,可引起胆固醇代谢紊乱,产生高胆固醇血症,易发生冠心病和高血压。铜也具有一定毒性,摄入过量时会发生急、慢性中毒,可导致肝硬化、肾受损、组织坏死、低血压。海鲜、茶叶、葵花籽、西瓜籽、核桃、肝类都含有丰富的铜,在未使用化肥的土壤中栽种的植物食品也含较多的铜。

钴是维生素 B_{12} 的成分,每天只需要 3 μg VB_{12} 就能防止恶性贫血、疲倦、麻痹等现象,人体中只有结肠中的大肠杆菌能合成含钴 VB_{12},因此体外合成含钴 VB_{12} 并摄入体内才能被充分利用。人体中的钴可随尿液排出,低剂量的钴不会引起中毒,若把钴放在酒中服用,则会引发中毒性心力衰竭并导致死亡。

锰是人体必需的另一种微量元素,在许多酶系统中起着重要作用,可帮助胆碱利用脂肪,缺锰会引起胎儿骨骼异常,发育迟缓及出现畸形,缺锰会使人体免疫力下降,全身肌肉无力,平衡不良,动作不协调。人体对锰的吸收利用率较低,多余的锰会随胆汁通过粪便排出体外。含锰丰富的食物有糙米、米糠、香料、核桃、花生、麦芽、大豆、土豆等。

铬、硒、镍、钒、钼、硅、锡都是人体需要的微量元素。铬是维持人体内葡萄糖正常含量的关键因素,它可以提高胰岛素的效能。降低血清胆固醇含量,对预防和治疗糖尿病、冠心病有明显功效;硒参与人体组织的代谢过程,对预防克山病、肿瘤和心血管疾病,延缓衰老等方面都有重要作用,硒还有抗癌作用,对某些有毒元素有抑毒作用;镍具有刺激血液生长的作用,能促进红细胞再生;钒可促进牙齿矿化坚固;钼激活黄素氧化酶、醛氧化酶;锡直接影响机体的生长;硅是骨骼软骨形成初期所必需的元素。这些元素在人体内含量很少,但对人体内的新陈代谢都有重要作用,环境不受严重污染时,通过食物链进入体内不变,不会造成危害,若环境遭受严重污染,或长期接触则会在体内积累,达一定量时,会对机体产生各种毒害作用,甚至致癌。

6.1.1.3　人体中的有害元素

铅、镉、汞、砷、银、铝、铬(六价)、碲等元素在人体内有少量存在,每天可从食物、呼吸、饮水等渠道少量进入人体,当然也通过排泄系统排出体外。到目前为止还未发现这些元素在体内有什么生理作用,而其毒性作用却不少。如汞是一种蓄积性毒物,在人体内排泄缓慢,其中甲基汞可严重损害神经系统,尤其是大脑和小脑的皮质部分,表现为视野缩小、听力下降、全身麻痹,严重者神经紊乱以致疯狂痉挛而致死;镉可在体内蓄积而引起慢性中毒,主要损害肾近曲小管上皮细胞,表现为蛋白质尿、糖尿、氨基酸尿。镉对磷有亲和力,故可使骨骼中的钙析出而引起骨质疏松软化,出现腰背酸痛、关节痛及全身刺痛。镉可致畸胎,有致癌作用并引起贫血;铅在体内能积蓄,主要损害神经系统、造血器官和肾脏,同时出现口腔金属味齿银铅线、胃肠道疾病、神经衰弱及肌肉酸痛、贫血等症,中毒严重时休克、死亡;砷可在体内积蓄而导致慢性中毒,主要是三价砷与细胞中含巯基的酶结合形成稳定的结合物而使酶失去活性,阻碍细胞呼吸作用,引起细胞死亡而呈现毒性。无机砷化合物可引发肺癌和皮肤癌;若银在人体内大量积蓄可引起局部或全身银质沉着,表现为皮肤、黏膜及眼睛出现难看的灰蓝色色变,有损面容,而到目前为止还未发现有生理作用或病理的变化;铝进入神经核后,影响染色体,老年性痴呆症患者的脑中往往含有高浓度的铝。铝能把骨骼中的钙置换出来,使骨质软化,把酶调控部位上的镁置换出来而抑制酶的活性,还会降低血浆对锌的吸收,健康人对铝的吸收很少,而肾功能受损者对铝的吸收较高;六价铬是致癌物;长期与碲接触,肝脏、肾脏和神经功能都会受到损害。

到目前为止,除了上述元素之外,人体中还发现了 30 多种生理功能或病理损害未知的元素。

6.1.2　人体内的化学平衡

人体内某些元素平衡失调就会危害到人类的健康并引起疾病,除了要了解元素的种类和功能之外,还要理解饮食、营养与健康的关系,树立平衡营养观念,这样有利于预防疾病、增强体质。

6.1.2.1　人体的酸碱平衡

人的体液 pH 总是维持在一定范围内,这就是人体的酸碱平衡,酸碱浓度的微小变化就能对正常细胞的功能产生很大的影响。

细胞外液正常的 pH 是 7.4,变化幅度为 7.35～7.45,维持生命的极限是 7.0～7.8。例如,心肌细胞若低于 7.35,心肌收缩力将减弱,若高于 7.45,心脏收缩力则过强。此外,人体内上千种酶必须在特定的 pH 范围内才能发挥它们的活性作用。人体内各种体液的 pH 见表6-2。

表 6-2　人体内各种体液的 pH

体液	pH	体液	pH
唾液	6.4～6.9	血液	7.35～7.45
胃液	1.2～3.0	脑脊液	7.4
肠液	7.7	尿	4.8～8.0
胰液	7.8～8.0	乳	6.8
胆液	7.8	眼球内水样	7.2

从表 6-2 中可以看出,人体的体液偏碱性,而胃液的 pH 在 1.5 左右,这是因为只有在酸性条件下,胃蛋白酶才能将食物中的蛋白质消化同时杀灭很多细菌。

6.1.2.2　人体内的酸碱缓冲体系

尽管经常有酸性、碱性物质进入体液,但体液的 pH 并没有显著变化。这是因为所有体液都是缓冲系统,这些缓冲系统中的化学物质能与各种酸、碱结合,防止体内的 H^+ 过多或过少。生物体中的 3 种主要缓冲体系包括蛋白质缓冲剂、碳酸氢盐缓冲剂和磷酸盐缓冲剂(表 6-3),每种缓冲体系所占的比例在各类细胞和器官中是不同的。

表 6-3　人体内的主要缓冲体系

缓冲体系	解离反应	pK_a
蛋白质	$HPr \rightleftharpoons H^+ + Pr^-$	7.4
碳酸氢盐	$H_2CO_3 \rightleftharpoons H^+ + HCO_3^-$	6.1
磷酸盐	$H_2PO_4^- \rightleftharpoons H^+ + HPO_3^{2-}$	7.2

碳酸氢盐缓冲剂存在于所有体液中,是碳酸和碳酸氢根离子的混合物。当摄入强酸时,其立即与碳酸氢根离子化合生成碳酸,这一缓冲系统使强酸变成了弱酸,体液不会变成强酸性。当加入强碱时,缓冲体系中的碳酸就会与之生成水和碳酸氢盐,体液不会变成强碱性。一般成年人体内的血液大约为 5 L,其中血浆和红细胞是最基本的组成。红细胞中含有血红蛋白分子以及酸脱水酶,这种酶能催化碳酸的形成和分解。

$$H_2CO_3 \rightleftharpoons H^+ + HCO_3^-$$

由 Henderson-Hasselbach 方程可知:

$$pH = pK_a + \lg \frac{[HCO_3^-]}{[H_2CO_3]}$$

血浆的 pH 取决于碳酸氢盐和碳酸的比例。通过调节该比例使体液的酸碱度得到缓冲,pH 保持在 7.35±0.05 范围内。例如,在正常代谢反应中产生大量的酸与碳酸氢盐形成难解离的碳酸,有效去除了游离的氢离子。碳酸中的 CO_2 又能通过肺部排除,从而稳定了血浆 pH。

pH 的调控对人体非常重要,正常人血液的 pH 为 7.35~7.45,当 pH 低于 7.35 时会发生酸中毒,pH 低于 7.0 会发生严重的酸中毒导致昏迷死亡;pH 高于 7.45 就会发生碱中毒,pH 高于 7.8 就会发生严重的碱中毒导致手足抽搐致死。

血液中的缓冲系统是人体控制酸碱平衡的第一道防线。其次,可通过呼吸中枢来调节血液中碳酸的浓度,维持血液 pH 恒定。除碳酸外,还有磷酸、硫酸、尿酸和酮酸等其他一些酸在细胞代谢过程中生成。这些酸进入细胞外液会引起酸中毒。人体通过肾脏来排出多余的酸或碱,调节血浆中 $NaHCO_3$ 的含量,保持血液正常的 pH。如果发生较长时间的酸中毒时,骨骼组织也参与酸碱的调节作用,骨骼中钙盐分解,有利于对 H^+ 的缓冲:

$$Ca_3(PO_4)_2 + 4H^+ \longrightarrow 3Ca^{2+} + 2H_2PO_4^-$$

在上述反应中,每 1 mol $Ca_3(PO_4)_2$ 可以缓冲 4 mol H^+。

6.1.2.3 人体内的化学元素平衡

人体内的化学元素分为必需元素和非必需元素,这两类元素在人体内的浓度和生物效应是不同的。确定某种元素是否为必需元素除了与该元素在体内的浓度有关外,还与它的存在状态和生物活性密切相关。

对于每种必需元素,都有相应的最佳健康浓度,有的具有范围较大的体内恒定值,有的安全浓度范围则比较狭窄,即最佳浓度和中毒浓度之间的差距很小。元素浓度和生物功能的相关性可用图 6-1 和图 6-2 表示。

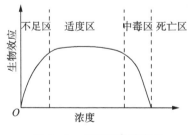

图 6-1 必需元素效应图

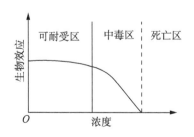

图 6-2 有害元素效应图

在人体中,任何一种必需元素缺乏或过量,都会对生物造成影响。所有生物都处于非平衡的稳态中,而这种稳态调节机制只能在一定范围内有效,当摄入金属离子过多时,就会对生物体产生毒害作用。一些化学元素缺乏或过量对人体的影响见表 6-4。

在营养物质中,必需元素的最适宜浓度范围是不同的,窄的如铜和硒,铜的正常范围是 $2\sim 5$ mg·kg^{-1},有害范围是 $250\sim 500$ mg·kg^{-1};硒在 0.1 mg·kg^{-1} 时是有益的,含量达到 10 mg·kg^{-1} 时则是致癌的;一般成年人对铬的摄入量为 $0.05\sim 0.20$ mg·d^{-1};成年人应摄入的铁量男性为 10 mg·d^{-1},女性为 18 mg·d^{-1},如果摄入量长期少于 1 mg·d^{-1},就会出现脸色苍白等缺铁性贫血症状,但摄入量长期多于 200 mg·d^{-1},则会出现中毒症状。如非洲班图人常过度摄入铁质,故出现了众多消化道出血患者和肝脏中毒患者。

表 6-4　元素缺乏或过量对人体的影响

元素	元素缺乏的影响	元素过量的影响
Ca	畸形骨骼、手足抽搐诱发高血压、佝偻病、软骨病、骨质疏松	动脉粥样硬化、白内障、胆结石、缺血性心脏病、呕吐、肾结石、尿毒症
Mg	生长停滞、发育障碍、骨质疏松、牙齿生长不良、骨痛、抑郁、心动过速、肌肉痉挛	抑制神经系统作用、降低动脉压力、麻木
K	精神疲惫、心脏停搏、肌肉松弛、无力	肾上腺皮质机能减退。表现为手足麻木、知觉异常、四肢疼痛、恶心呕吐、心律不齐、心力衰竭
Li	狂躁症	抑郁症、可抑制心肌活动、降低血压、严重者导致心脏停搏、锂中毒表现为肌无力、发射亢进、震颤、视力模糊、昏迷不醒
Na	肾上腺皮质机能减退	高血压
Si	骨骼不良、软骨生长	肾结石、肺病
Al	无	干扰磷代谢、降低血磷。产生各种骨骼病变:骨脱钙、软化、萎缩;干扰组织代谢:干扰神经中枢系统、造成老年性痴呆、神经障碍及脑的其他病变
Fe	贫血	血红蛋白沉积症,肝、肾受损
Cr	糖尿病、动脉硬化	肺癌
Cu	贫血、Menkes 病	Wilson 病
Zn	伊朗村病	金属烟雾症
Ni	血红蛋白和红细胞减少	肺癌、中枢神经障碍
Co	恶性贫血	红细胞增多症、诱发甲状腺肿大、心肌病
Mn	骨骼畸形	生殖功能障碍、中枢神经损伤
Se	白肌病、白内障	脱发、指甲畸形、神经中毒

此外,不同元素的不同适宜范围除了与元素有关外,还和人体的个体差异有关,如性别、年龄、身体状况等。对于婴儿来说,适宜的浓度范围很狭窄,如未断乳的婴儿对元素镉、汞、铅、钚、镭较敏感,因此在儿童食品中各种添加剂的用量是被严格控制的。值得注意的是有毒有害物质被摄入后,并不一定马上对人造成伤害,而是在人体内蓄积,在达到一定浓度以后可能会突然爆发。生物体具有强大的自我平衡机制,当外部环境发生相当大的变化时,这种机制能使机体内部并不随之发生显著的变化。比如虽然我们每天摄取不同的食物,但是血液的化学成分几乎保持恒定。这种自动平衡机制也能使人体内必需微量元素的浓度水平维持在最佳范围之内。当

体内必需微量元素缺乏时,这种机制能提高人体对该元素的吸收率,并首先保证最紧要的器官和组织拥有合适的该元素的浓度;当该种元素过剩时,也能在一定程度上降低人体对该元素的吸收率,并能将已过量摄入的该元素排泄到体外。当然,这种平衡调控是有一定限度的。

目前,市场上有各种营养强化保健品,从健康的观点出发我们不应该盲目地补充营养,否则会造成某些元素在体内的蓄积,并可能产生危害。平时,要注意均衡饮食,多样化的膳食既是获得各种适量基本营养素最好的方法,也是避免物质达到有害剂量的有效方法。

6.1.2.4 人体内的沉淀溶解平衡

人体中的骨骼由水、有机质、无机盐等组成。其中水约 $25\% \sim 35\%$。在剩余的固体物质中,约 40% 是有机质,60% 以上是无机盐。无机盐决定骨骼的硬度,有机质决定骨骼的弹性和韧性。骨盐以钙和磷的化合物为主要成分,骨盐中包括磷酸钙、碳酸钙、柠檬酸钙等。正常情况下,血中的钙、磷与骨中的钙、磷维持动态平衡。例如,牙齿的釉质是人体中最硬的组织,主要成分是羟基磷灰石 $[Ca_{10}(OH)_2(PO_4)_6]$,它存在这样一个平衡:

$$[Ca_{10}(OH)_2(PO_4)_6] + 8H^+ \longrightarrow 10Ca^{2+} + 2H_2O + 6HPO_4^{2-}$$

当遇到酸性物质时,酸中的 H^+ 向釉质内扩散,使羟基磷灰石溶解,钙离子及磷酸根游离出来,该过程称为"脱矿"。若外部环境中钙离子、磷酸根等浓度比釉质间隙内更高时,可以向内扩散,使相应矿物盐再沉积,该过程又称为"再矿化",再矿化即是人体自身防龋齿的过程。

进餐之后,口腔中的酶分解食物产生如乙酸(CH_3COOH)、乳酸($CH_3CH(OH)COOH$)等有机酸,如果摄入糖果、冰激凌和含糖饮料这类高糖食品时,会促进牙齿的脱矿作用,当牙齿的釉质层被破坏时,龋齿就开始了。因此一定要坚持饭后刷牙。大多数牙膏中含有氟化物,如 NaF 或 SnF_2,这些氟化物能帮助防止龋齿。因为再矿化过程中 F^- 取代了 OH^- 而形成氟磷灰石 $[Ca(PO_4)_3F]$,牙齿的釉质发生了变化,氟磷灰石是更难溶的化合物,不易与酸反应,从而使牙齿有较强的抗酸能力,有利于防止龋齿。但是如果氟过量摄入时又会形成氟斑牙。

6.1.2.5 人体内的水平衡

水约占人体质量的 2/3,是人体的主要成分。它是生命最重要的组成物质,体内严重缺水或水过剩都会给人体健康带来极大损害。水把生命所需营养物质输送到全身各部分,参与机体的新陈代谢,参与了人体内所有的化学反应和化学平衡。人体失去 10% 的水,会产生酸中毒,失去 $20\% \sim 25\%$ 的水就会死亡。

为了维持水在体内的平衡,水的排出量会随着饮水量的改变而改变。正常情况下,机体通过体内丘脑下部的神经中枢等调节水平衡来控制渴感和肾脏排水。发烧、高蛋白膳食、干热气候、呕吐、腹泻和外伤损害都会扰乱机体对水的正常需要。

6.1.2.6 人体内的电荷平衡

电荷平衡是人体内的基本平衡,主要指细胞液内外的阴阳离子平衡。细胞外液的阳离子主要是 Na^+、Ca^{2+},阴离子主要是 Cl^-。细胞内液阳离子主要是 K^+、Ca^{2+},阴离子是 PO_4^{3-}。细胞液内外的电荷平衡不仅影响信息的传导,还影响着渗透压的平衡。细胞内外由于离子浓度差形成膜电势,人的思维、视觉、听觉、触觉、细胞的分泌等各种生理功能均与膜电势有关。

除以上平衡外,人体中的化学平衡还有配位平衡、各元素间的平衡等。人体中的各种平衡相互联系、相互影响。

6.1.3　人体内化学元素的相互作用

人体内不同的化学元素之间存在着相互作用,主要包括:协同作用、拮抗作用和配合作用三种方式。元素之间的相互作用对于提高人们生活质量有着非常重要的意义,一方面可以阻止或减缓环境毒物等对我们的伤害,另一方面可以利用元素间的相互作用达到事半功倍的效果。

6.1.3.1　协同作用

协同作用是指元素间的联合作用效果超过各元素单独作用效果的总和。例如,维生素 D 能协同钙的吸收,促进肠胃内钙、磷的吸收,维持血液中钙和磷的平衡,并促进钙在骨组织中沉积;当钙和磷的比例在 1:1~2:1 时钙的吸收率最高。另外,一些有毒有害元素的相互联合作用毒性大于其中各个毒物成分单独作用的总和。

6.1.3.2　拮抗作用

拮抗作用是指在生物体中一种元素对另一种元素的正常生理功能产生抑制或抵消的作用。例如镁是钙的拮抗剂,镁离子活化反应有时会受到钙离子的抑制。镁还是一些致癌物质的拮抗剂,能加速体内硝酸盐、亚硝酸盐的代谢,减少其作为强致癌物亚硝胺的前体的潜在危害。金枪鱼含汞量很高,然而食用金枪鱼未表现出任何汞毒害的症状,因为金枪鱼含硒量也非常高,且随着汞含量的增加而增加,说明硒能够消除细胞和组织里汞的毒性。

6.1.3.3　配合作用

14 种人体必需微量元素中大部分是过渡金属元素,集中于元素周期表第四周期中,它们结构相近,性质相似,极易形成配合物。元素进入人体后一般是与蛋白质、核酸等生物大分子的配位基配合,形成配合物。

氨基氮、咪唑氮、羧氧基、醇羟基氧、巯基硫等配位原子在人体内能与过渡金属离子形成稳定的配位化合物(见表 6-5)。

当人体摄入有毒金属后,必须使用解毒剂也就是更强的配位剂,才能把有毒金属从生物大分子的成键部位替换出来。表 6-6 列出了用于治疗体内金属元素过量的螯合剂。

表 6-5　人体内某些金属离子的键合

金属离子	配位基团	体系
Mn^{2+}	羧基、磷酸基、咪唑 N	丙酮酸脱酸酶
Fe^{2+}/Fe^{3+}	卟啉、咪唑 N、硫代酸根	血红素、过氧化氢酶、铁氧化还原蛋白
Co^{2+}	咕啉环	甲基钴胺素和辅酶维生素 B_{12}
Cu^{2+}	咪唑 N、硫醚、硫代酸根	血蓝蛋白、白蛋白
Zn^{2+}	—NH_2、咪唑 N、—RS—、羧基、羰基	胰岛素、碳酸酐酶、醇脱氢酶
Cr^{3+}	吡啶环	葡萄糖耐量因子(GTF)

表6-6 用于治疗体内金属元素过量的螯合剂

过量元素	排毒螯合剂	过量元素	排毒螯合剂
Ca	EDTA	Pb、Cu	D-青霉胺或 $Na_2(CaEDTA)$
Fe	去铁肟胺或 $Na_2(CaEDTA)$	Be	金精三羧酸
Co、Zn	$Na_2(CaEDTA)$	Tl	二苯卡巴腙
Cd、As	BAL(二硫基丙醇)	Ni	二乙基草酸钠
Hg	BAL(二硫基丙醇)	Pu	$Na_2(CaEDTA)$

6.1.4 人体内的化学反应

在生命体内有许多按照一定规律进行的化学反应。人体的一切活动都需要能量来维持,人体能量的来源是糖、蛋白质和脂肪。这些有机化合物在人体内进行氧化分解,最后生成 CO_2 和 H_2O,同时释放出热能供人体活动需要,这种作用称为生物氧化。生物氧化过程涉及许多化学反应。参与这些化学反应的有生物大分子和各种化学小分子及离子,如三磷酸腺苷(ATP)就是生命体内的化学小分子,它是接受、储备、运转及供应的化学联系物。人体内存在的多种微量金属元素与蛋白质结合形成的金属酶是一类生物催化剂,能加速体内化学反应的进行。

6.1.4.1 人体内化学反应的特点

人体内化学反应的特点为:常温常压、反应条件接近中性温和,速率快、选择性好、效率高。比如人体的正常体温为(36.5±0.5)℃,体温恒定对于生命活动正常进行非常重要,过高或者过低都能导致死亡。一个成人一天所需热量约 10 000~12 600 kJ,这个热量足以将 20 kg 冷水烧开。人体内的生物氧化反应是在酶的催化作用下温和地逐步进行的,因此,热能是分批释放出来的,这样放出的能量不至于突然使体温升高而损伤机体,又可以使释放出的能量得到最有效的利用。除此以外,人体内还有完善的调控机制,当体内发生氧化反应时,必定伴随着磷酸化反应。二磷酸腺苷(ADP)分子与磷酸分子反应形成 ATP 分子,这是吸热反应,故需要吸收一定的能量,因此,ATP 是个能量分子。人体内生物氧化反应与磷酸化反应是偶联进行的,生物氧化反应放出的能量,可以通过 ADP 分子的磷酸化把能量吸收,储存在 ATP 分子内,当人体需要能量时,ATP 水解变为 ADP 释放能量,供人体需要。此外,人体内还有一套完善而精巧的散热装置,那就是人体的体温调节中枢,它位于下丘脑。人体的散热方式主要有皮肤辐射、对流和传导散热;皮肤和肺呼吸蒸发;加热饮食;加热吸入的空气、排除粪便和尿液。另外,体温调节中枢还可根据外界不同的温度来选择人体散热的方式。

6.1.4.2 反应介质

人体内的化学反应选择性、效率之所以都很高,除了大分子配位体的参与外,还与它在特定的反应介质中进行有关。同一反应在特定反应介质中进行和在水溶液中进行会有很大的不同。特定反应介质是一种既亲水又亲油的物质,包括表面活性剂,在生物体液内有序排列而分隔成内外环境并形成胶束。在这样的介质中进行反应时,可以使反应物增容、浓集、降低电离势,改变氧化还原性质会影响电离平衡,改变化学反应的途径和速率会使反应物、产物、中间产物稳定,使电荷分散或反应物分离从而改变平衡状态。这些性质对无机化学反应有特殊影响。

6.1.4.3 反应类型

人体内的化学反应类型主要包括生物氧化反应、酶促化学反应、配位反应、表面化学反应和电化学反应等。

1. 生物氧化反应

在化学反应中,加氧、脱氢、失电子都称为氧化;脱氧、加氢、得电子都称为还原。糖类、脂肪及氨基酸脱去氨基后的剩余部分在体内氧化时,所消耗的氧量、产生的二氧化碳和水及释放的能量,与在体外氧化时相同。但是,生命体内的氧化与体外的氧化又有所不同,生命体内的氧化反应条件温和,在酶的催化下逐步完成。人均每天大约需要 450 L 氧气,但是氧在常温常压下在水中的溶解度仅为 6.59 cm³。人体能够维持正常功能,是因为在长期的进化过程中发展了氧载体,氧能够可逆地配位在蛋白质所含的过渡金属离子上。铁是人体中血红蛋白的载氧元素。人体血红蛋白分子的活性部分是血红素含铁辅基,铁在辅基中央,它可以与其他 6 个配位原子相结合,其中 4 个配位氮原子在血红素平面上,因此氧分子可配位在铁上,形成配位键。血红蛋白具有输送氧气的功能,人们通过呼吸把空气吸到肺部,血红素含铁辅基在肺泡中与氧配合并将其载走,然后输送给肌红蛋白分子和其他需要氧气的细胞和部位,此时氧分子从铁上解离,并与生物有机分子发生氧化反应。

2. 酶促反应

人体内发生了很多体外无法或很难完成的化学反应,是因为人体内的各种酶的存在,酶能促使反应加速进行,实际上是一种特殊类型的催化剂。酶是具有催化作用的蛋白质,主要由氨基酸组成。酶按其所作用的底物命名,如催化醛氧化的叫作醛氧化酶,催化过氧化氢分解的称为过氧化氢酶等。表 6-7 列举了一些氧化还原酶。全酶包括蛋白质和辅基(或辅酶)两部分,辅基为金属离子的酶称为金属酶,酶的活性部位含有金属离子。此外,水解酶反应是身体内发生的另一类重要反应,当食物进入人体后,会受到消化道中多种水解酶的作用。例如,胰淀粉酶可催化淀粉完全水解变成葡萄糖,胰蛋白酶可催化蛋白质水解成小肽和氨基酸等。

表 6-7 氧化还原酶

金属	酶	生物功能
铁(Fe)	苯丙氨酸羟化物 琥珀酸脱氢酶 醛氧化物 过氧化氢酶 细胞色素氧化酶	苯丙氨酸代谢 糖类氧化 醛氧化 过氧化氢分解 电子传递
铜(Cu)	血浆铜蓝蛋白 铬氨酸酶 超氧化物歧化酶 细胞色素氧化酶	铁的利用 皮肤色素的形成 超氧自由基歧化分解 电子传递
锌(Zn)	碳酸酐酶 羧肽酶 醇脱氢酶 超氧化物歧化酶	钴的水合催化 蛋白质消化 酶代谢 超氧自由基歧化分解

金属	酶	生物功能
锰(Mn)	精氨酸酶 丙酮酸羧化酶	脲的生成 丙酮酸代谢
钴(Co)	核苷酸还原酶 谷氨酸变位酶	DNA 的生物合成 氨基酸代谢

3. 配位反应

微量元素作为配合物的中心原子,对生理代谢和生命过程起到调控的作用,而这些大分子配合物与一般配合物一样具有固定的稳定常数、配位数、配位键和几何构型。同时,因为反应介质、配体的特征不一样,又具有独特的化学反应特点。

4. 表面化学反应

生物体内有许多特殊的表面化学反应。在各种软组织(以蛋白质为主)和硬组织(以钙盐为主)的表面、细胞表面以及外源性的活性表面(如吸入的粉尘)和惰性表面(如植入的金属)上,都可能和与其接触的体内物质发生特殊反应。例如,放入子宫的铜制避孕器,其表面可发生一系列的化学反应,从而产生氧自由基来杀死精子。

5. 电化学反应

人体细胞总数约 75 万亿个,肌肉细胞和神经细胞具有接受传导及传递信息的作用,是细胞膜的原浆膜产生瞬间电化学反应的结果,涉及细胞内外离子平衡机制和神经刺激化学反应。

6.1.5 生命在于平衡

人体内所发生的化学变化,种类繁多、情况复杂又相互影响,因此这些反应必须相互协调才能有条不紊地维持生命活动。这种协调作用依赖神经系统,尤其是大脑皮质。大脑皮质通过神经和激素来影响器官的活动,而器官的活动基础是物质和能量的改变,也就是化学反应。所以,大脑皮质对器官的调节,实际上就是调节其化学变化。化学反应往往是可逆的,当原料和产物达到一定比例时,反应也达到了平衡,这时正向反应速率与逆向反应速率相等。任何原料或产物量的变化又会引起平衡移动直至达到新的平衡。

生命的进化离不开化学变化,没有化学变化就不会有生命,更不会有人类,人类的生存和繁衍更是靠化学反应来维持的。分析现代人生病的原因,除了外伤或意外事件,大多与人体内化学平衡状态被扰乱有关。生活规律、有序而不过多扰乱人体的化学平衡就是健康长寿的秘诀。

6.2 化学与营养

人们为了维持生命与健康,保证身体正常的生长发育和从事各项劳动,必须每天从食物中摄取一定量的营养物质。除氧以外,人体需要蛋白质、糖类、脂类、维生素、无机盐、水和纤维素

7大营养素。水占人体总质量的 $55\% \sim 67\%$，蛋白质占 $15\% \sim 18\%$，糖类占 $1\% \sim 2\%$，脂类占 $10\% \sim 15\%$，无机盐占 $3\% \sim 4\%$。这些物质在新陈代谢中还能合成许多结构复杂的重要物质。人们从一日三餐中获得这些必需的营养素，以满足机体从事劳动和生长发育所需的能量，维持正常的生理功能。为了满足营养的需要，人必须注意保持全面均衡的饮食习惯。

6.2.1　蛋白质

蛋白质是生命的重要物质基础。蛋白质在人体细胞中的含量仅次于水，占细胞干重的 50% 以上。蛋白质构成酶、抗体和某些激素，参与人体的新陈代谢，维持人体的正常生理功能，防止外界细菌病毒的侵害等，几乎参与了人体内每一项正常生理活动。婴儿缺乏蛋白质会发育不良、生长迟缓；成年人缺乏蛋白质会出现体重减轻、肌肉萎缩、易疲劳、发生贫血、身体抵抗力下降、病后康复缓慢等症状。

6.2.1.1　蛋白质的化学组成

人体的蛋白质分子多达10万种，是一种化学结构非常复杂的含氮有机高分子化合物。蛋白质一般含碳、氢、氧和少量的硫，有些蛋白质还含钙、磷、铁、锌、铜、锰、钼、镁等。蛋白质相对分子质量都在 10^4 以下，不同的蛋白质的氮含量平均为 16%。

蛋白质可以被酸、碱和蛋白酶催化水解为相对分子质量较小的多肽，最后生成氨基酸，因此氨基酸是蛋白质的基本单位。1965年，我国科学工作者在世界上首先合成了具有生物活性的蛋白质——结晶胰岛素。

组成蛋白质的氨基酸有20种，可分为脂肪族氨基酸、芳香族氨基酸、杂环氨基酸、杂环亚氨基酸四类。人血液中的"血清白蛋白"分子由15个甘氨酸、45个缬氨酸、58个亮氨酸、9个异亮氨酸、31个脯氨酸等18种526个氨基酸构成。在体内代谢过程中还会产生一些氨基酸，如鸟氨酸、瓜氨酸、胱氨酸等。

蛋白质水解得到的氨基酸除脯氨酸外，均为 α-氨基酸，即一个氨基和一个羧基连接在同一个碳原子上，这个和羧基紧挨着的 α-碳原子上还带着一个氢原子，它的第四价键可被多种取代基代替，用R表示，各个氨基酸之间的结构虽有差异，但其结构通式为：

$$\begin{array}{c} COOH \\ | \\ H_2N - C - R \\ | \\ H \end{array}$$

氨基酸的功能主要有：经胃肠道消化吸收进入血液的氨基酸进入人体组织细胞合成相应的蛋白质（如肌蛋白、血红蛋白、脂蛋白、核蛋白等），以满足日常的需要，维持血容量的相对恒定；合成含氮化合物（肾上腺素、甲状腺素、嘌呤、嘧啶等），甚至直接充当神经介质，从各个不同的角度起到维持身体机能和遗传的作用；合成多种抗体、补体物质，维持人体免疫功能正常运行；多余的氨基酸还可以合成脂类物质或氧化放出能量。此外，氨基酸作为药物治疗肝病、肠胃病、肿瘤、高血压等都有疗效。在食品工业中添加氨基酸能增加食品风味，例如葡萄糖中加缬氨酸，能产生巧克力香味；加半胱氨酸能产生牛肉香味；加亮氨酸能产生乳酪香味。

6.2.1.2　蛋白质的生理作用

蛋白质的生理作用表现为五方面。

(1) 参与生理活动。心脏跳动、呼吸、胃肠蠕动以及日常活动等，都离不开肌肉的收缩，而肌肉的收缩又离不开具有肌肉收缩功能的蛋白质。重症肌无力是由于肌肉失去了正常的收缩功能而发生进行性萎缩，从而影响走路，严重时还不能自行翻身，甚至会出现呼吸肌无力收缩而死亡的现象。

(2) 参与氧和二氧化碳的运输。血红蛋白负责将氧气供给全身组织，同时将新陈代谢所产生的二氧化碳排出体外。

(3) 参与维持人体的渗透压。血浆中有多种蛋白质，对维持血液的渗透压、维持细胞内外压力平衡起着重要的作用。血浆蛋白减少会导致水肿。

(4) 防御功能。血浆中含有的抗体，主要是丙种球蛋白，这是一种具有防御功能的蛋白质。如果人体缺少它，就会受到细菌或病毒的侵袭而生病。

(5) 参与调节人体内物质的代谢。在物质代谢中，都需要酶系统的催化或调节，而酶的本质就是蛋白质。

6.2.1.3 蛋白质的平衡

人体从食物中摄取的蛋白质与代谢中排出的蛋白质有一定的平衡关系。蛋白质的平衡，实际上就是氮的平衡。氮的平衡主要分为以下几种情况。

(1) 正氮平衡，即食入的氮大于排出的氮。这种情况多见于儿童、孕妇及疾病初愈的患者。

(2) 负氮平衡，即食入氮的量少于排出氮的量。常见于患慢性消耗性疾病的人、饥饿者以及摄取食物中缺乏蛋白质的人。

(3) 氮的总平衡，即食入的氮量和排出的氮量相等，这种情况主要见于成年人。

生理学家的实验数据表明，成人每天体内蛋白更新 3%，每千克体重每日需补充约 1 g 蛋白质才能维持氮平衡。一个体重 60 kg 的成年人按劳动量不同，每天需补充与 70～105 g 蛋白质才能保证组织更新和修补的平衡，从而保持氮的总平衡。若以 60 g 为需要的最低量，大约 2 L 牛奶便可以满足此量。当然，我们不能只喝牛奶，肉、蛋、鱼等动物性食品和许多植物性食品，如大豆、花生等都含有丰富的蛋白质。

6.2.1.4 蛋白质的生物效价

蛋白质的营养价值取决于所含氨基酸的种类与数量。食物中必需氨基酸的种类和数量越接近体内蛋白质的组成，其营养价值越高。植物蛋白质以大豆含量最高，其次是小麦、小米、高粱、玉米、大米等。肉类则以鸡肉含动物蛋白量最高，干贝次之，再次是鲤鱼、牛肉、羊肉、猪肉、鸡蛋。评价蛋白质的营养价值，还要考虑蛋白质被人体消化吸收的程度，一般而言动物性食品消化率较高，乳类的 97%～98%能被消化吸收，而蛋类为 98%，肉类为 92%～94%；植物蛋白一般被纤维包围，不易与消化酶接触而消化率较低。大豆整粒进食消化率仅为 60%，若加工成豆腐则消化率可提高到 80%。蛋白质的利用率可用生物效价来表示。生物效价表示食物蛋白质被小肠吸收并能参与代谢的过程或者储存在动物体内的部分占摄入总量的比值。生物效价越大利用率越高。此外，若将不同食物适当混合食用，使氨基酸互相补偿，则可以提高蛋白质的营养价值。例如，在大豆蛋白中加入少量的鸡蛋蛋白可提高大豆蛋白的生物效价。常见食物蛋白质的含量和生物效价见表 6-8。

表 6-8　常用食物中的蛋白质含量及生物效价

食物	蛋白质含量/%	生物效价	食物	蛋白质含量/%	生物效价
猪肉	13～19	74	玉米	8～9	60
牛肉	16～22	76	高粱	7～9	56
羊肉	14～18	69	小米	9～10	57
鸡肉	21～24	80	大豆	36～38	64
鲤鱼	17～18	83	豆腐	4～7	65
鸡蛋	13～15	94	花生	25～30	59
牛奶	3.3	85	白菜	1～1.5	76
大米	7～9	77	红薯	1～2	72
小麦	12～13	67	马铃薯	2～3	67

6.2.1.5　蛋白质的"毒性"

蛋白质摄入量不足会影响身体发育,导致体重减轻、易疲劳、抵抗力下降等。但是蛋白质也不是吃得越多越好,因为蛋白质在人体内分解会产生氨基酸、氨、尿素、肌酐等含氮物质。研究表明氨增多会迫使肝脏合成的尿素相应增多(尿素的毒性比氨的毒性作用更大),肝脏长时间处于超负荷工作状态会损害肝功能。严重者会导致肝性脑病,肾功能不全的患者尿素排泄困难,容易引起尿毒症及其并发症。因此,平时生活中一定要注意适当摄取蛋白质。

1945 年 6 月,一些关押在德国法西斯集中营里的人被释放后,受到了盛宴款待。这些人在忍受长期饥饿后看到丰盛的菜肴就大吃起来,结果不少人事后就断送了性命。那是因为人们吃了大量的高蛋白食物后,要靠人体中胃蛋白酶等消化酶的帮助,才能把蛋白质分解成氨基酸,送到身体的各个部位去。不管哪一种氨基酸,都会分解出一些氨,健康的人肝脏有分解氨的功能所以不会中毒,但是长期处于饥饿状态的人如果不加节制,血液中的氨超过了肝脏的解毒能力,就会出现中毒症状。如果氨随着血液进入人的中枢神经系统,就能导致中毒甚至死亡。

6.2.2　糖类

糖类是人体正常运行的主要能源,在正常生理情况下,人每天 60%～70% 的能量是靠糖类供应的。

6.2.2.1　糖类的组成和分类

糖类只含碳、氢、氧 3 种元素,许多糖类的分子式可用通式 $C_x(H_2O)_y$ 表示,如葡萄糖为 $C_6H_{12}O_6[C_6(H_2O)_6]$,蔗糖为 $C_{12}H_{22}O_{11}[C_{12}(H_2O)_{11}]$。从表面上看,它们好像是碳和水组成的,故称为碳水化合物。其实碳水化合物不是以水的形式出现,而是多羟基醛类或酮以及它们为构筑单元所形成的聚合物。

糖类一般分为单糖、低聚糖和多糖 3 类。单糖指不能再水解为更小分子的糖,主要是指葡萄糖和果糖,人体可以直接吸收。此外还有半乳糖、甘露糖、肌醇、戊糖、阿拉伯糖及木糖等。低聚糖是指能被水解生成 2～10 个单糖分子的糖。自然界游离的低聚糖主要存在于植物体内,动物体内很少。有少数(2～6 个)单糖分子构成的糖又称为寡糖,其中以双糖最为广泛,主要有蔗糖、乳糖、麦芽糖等。多糖分为两类,一类是被人体消化吸收的,如淀粉、糊精等;另一类是不能被人体消化吸收的,如食物纤维、半纤维素、木质素和果胶等。多糖能水解为很多个单糖分子。多糖不同于单糖和低聚糖,它没有甜味,一般不溶于水。与生物体关系最密切的多糖是淀粉、糖原和纤维素。

6.2.2.2 糖类的生理功能

糖占人体干重的 2% 左右,是人体重要成分之一。从食物中摄取的糖比脂肪和蛋白质都多。糖在生物体内经过一系列的分解反应后释放出大量能量,可供生命活动之用。同时,糖分解过程形成的某些中间产物,又可作为合成脂类、蛋白质、核酸等生物大分子物质的原料。糖的主要功能如下。

1. 供给能量

糖类在生物体内经过一系列分解反应后,释放大量的能量,供生命活动之用。

在人体供能物质中,糖产热量最快,供能及时,所以称其为快速能源。人体所需能量的70% 是由糖氧化分解供给的,1 g 葡萄糖在体内完全氧化分解,可释放出约 16.7 kJ 热量。人的大脑及神经组织只能靠血液中的葡萄糖供给能量,如果血糖过低,可导致昏迷、休克,甚至死亡。人体内的代谢是以葡萄糖为中心的,所以输液也经常用葡萄糖溶液。血液中含的葡萄糖称为血糖,正常人早晨空腹时,100 mL 静脉血含葡萄糖为 80～120 mg,在神经和内分泌系统的调节下血糖维持一定的动态平衡。因此血糖含量是衡量身体健康状况的一个重要指标。

血糖的来源主要有:①食物中的糖类经过消化变成葡萄糖;②肝糖原分解,平时糖以糖原的形式储存于肝脏,需要时可分解成多分子葡萄糖进入血液,给机体补充需要的能量;③糖的异生,一些非糖物质,如乳酸、甘油和某些氨基酸,在肝脏中变成肝糖原。

血糖在人体内的去路有三条:葡萄糖在体内氧化释放能量,给机体供能;合成肝糖原和肌糖原,把血液中多余的葡萄糖储存起来;把糖转变成甘油、脂肪酸或某些氨基酸等物质,因此吃过多的糖易发胖。

糖经过有氧氧化降解和无氧氧化的代谢过程向机体提供能量。每 1 mol 葡萄糖(180 g)完全氧化成二氧化碳和水后生成 38 mol ATP。

2. 构成机体

糖类是机体构成的重要物质,是神经和细胞的重要组成物质,并参与细胞的许多生命活动。所有神经组织和细胞粒中都含有碳水化合物,构成遗传物质 DNA RNA 的——脱氧核糖和核糖都属于糖类。糖也是细胞的组成成分之一,例如糖脂是细胞膜和神经组织的组成成分,糖蛋白是具有重要生理功能的物质。

3. 控制脂肪和蛋白质的代谢

体内脂肪代谢需要有足够的糖类来促进氧化。糖类量不足时,所需能量将大部分由脂肪提供,而脂肪氧化不完全时会产生酮酸,酮酸积聚过多易中毒,所以糖类具有辅助脂肪氧化的抗生酮作用。摄入体内的糖类释放的热能有利于蛋白质的合成和代谢,起到节约蛋白质的作用。当糖类与蛋白质共同摄入时,体内储存的氮比单独摄入蛋白质时多,这主要是由于同时摄入糖类后可增加机体三磷酸腺苷的合成,有利于氨基酸的活化与蛋白质的合成,这就是糖类对蛋白质的保护作用,或称糖类节约蛋白质的作用。

4. 维持神经系统和保护肝脏

糖类对维持神经系统的功能具有重要的作用,脑、神经和肺组织需要葡萄糖作为能源物质。

糖有解毒作用,例如机体肝糖原丰富时会对某些细菌毒素的抵抗力增强。又如,葡萄糖醛酸是葡萄糖代谢的氧化产物,它对某些药物具有解毒作用,吗啡、水杨酸和磺胺类药物等都是通过与之结合,生成葡萄糖醛酸衍生物排泄后而解毒。

5. 增强食品风味

糖用于烹调可以提味,改善食品的色、香、味。

6.2.2.3 糖的来源及对健康的影响

糖的来源除了纯糖外,以植物性食品为最多,谷类、豆类、薯类、根茎类(马铃薯、红薯、芋头、藕等)是淀粉的主要来源;动物性食品中乳制品类中的乳糖;蔬菜、水果、粗粮是纤维素的主要来源。

过量的摄入与主观"戒糖"造成体内严重缺糖,都可能诱发疾病。近年来,许多人总怕食糖过多会引起肥胖,其实适量的甜食有益健康。人的大脑尤其需要葡萄糖营养,血糖过低会引起大脑思维迟钝,甚至导致脑细胞死亡,威胁生命。甜食可使血糖快速上升,是补充脑部营养的最佳食品。

有实验证明,下午上班前喝些甜饮料,则下午会精力充沛,可以提高工作效率。事实上,在脑力劳动后,喝咖啡、吃甜点都能减轻大脑疲劳的程度,这是由于糖分及咖啡因都能迅速有效地补充脑部营养。因此医生在治疗阿尔茨海默病时,往往劝患者多吃些甜食,因此不要因为怕胖而拒绝甜食,这样对身体并无益处。

但是如果每天摄入过量的糖,会使血液中的中性脂肪增加,沉着在血管壁上,引起动脉硬化、冠心病。糖类中蔗糖吃得过多会引起龋齿。饭前不宜大量吃糖否则会影响食欲。中老年不宜过多摄入糖类,原因是精制糖在体内代谢过程中容易转变成甘油三酯,血脂过高会引起动脉硬化等多种心血管病。有研究显示,过多食用白糖可能是导致骨折的重要原因之一,因为过多地吃糖,体内产生大量的酮酸、乳酸等酸性物质,影响酸碱平衡,导致钙镁钠等碱性物质流失导致骨质疏松,容易发生骨折。还有资料显示,脾气暴躁与其饮食中进食过多的糖有关。此外,糖与癌症、冠心病、糖尿病等疾病都有一定的关系。

6.2.3 脂类

脂类以多种形式存在于人体的各种组织中,它不仅是构成生物膜的重要物质,而且机体代谢所需能量也是以这种形式储存和运输的,因此也称为"人体的染料"。脂肪的储存量大约是成年人体重的 $10\%\sim20\%$,储存脂肪最多的是皮下、大网膜和内脏周围。人们吃的动物油脂(如猪油、牛羊油脂、奶油等)、植物油(如豆油、菜籽油、花生油等)及工业和医药上用的蓖麻油和麻仁油等都属于脂类物质。脂类是人类主要的食品之一,它不仅具有重要的营养价值而且能够改善食品的风味。

6.2.3.1 脂类的组成与性能

脂类的元素组成主要有碳、氢、氧3种,有的还含有氮和磷。脂类的化学结构差异很大,但它们有一个共同的特性,即不溶于水,微溶于热水,溶于乙醚、氯仿、苯等非极性溶剂。脂肪主要由一分子甘油和三分子脂肪酸形成的甘油三酯组成。按脂肪酸的结构内是否含有双键,可将其分为饱和脂肪酸(表6-9)和不饱和脂肪酸(表6-10)。不饱和脂肪酸一般在常温下呈液态,称为"油",如植物油中的花生油、菜籽油、茶油等;饱和脂肪酸一般在常温下呈固态,称为"脂",如动物脂肪猪油、牛油、羊油等。

表 6-9 天然油脂中重要的饱和脂肪酸

脂肪酸	名称	主要来源	熔点/℃
C_3H_7COOH	丁酸、酪酸	奶油	−7.9
$C_5H_{11}COOH$	己酸(低羊脂酸)	奶油、椰子	−3.4
$C_7H_{15}COOH$	辛酸(亚羊脂酸)	椰子、奶油	16.7
$C_9H_{19}COOH$	癸酸(羊脂酸)	椰子、榆树籽	31.6
$C_{11}H_{23}COOH$	十二酸(月桂酸)	月桂、一般油脂	44.2
$C_{13}H_{27}COOH$	十四酸(豆蔻酸)	花生、椰子油	53.9
$C_{15}H_{31}COOH$	十六酸(软脂酸)	所有油脂中	63.1
$C_{17}H_{35}COOH$	十八酸(硬脂酸)	所有油脂中	69.6
$C_{19}H_{39}COOH$	二十酸(花生酸)	花生油	75.3

表 6-10 天然油脂中重要的不饱和脂肪酸

名称	结构式	主要来源
豆蔻油酸	$CH_3(CH_2)_3CH=CH(CH_2)_7COOH$	动、植物油
花生油酸	$CH_3(CH_2)_7CH=CH(CH_2)_9COOH$	花生、玉米油
油酸	$CH_3(CH_2)_7CH=CH(CH_2)_7COOH$	所有动、植物油
棕榈油酸	$CH_3(CH_2)_5CH=CH(CH_2)_7COOH$	多数动、植物油
芥酸	$CH_3(CH_2)_7CH=CH(CH_2)_{11}COOH$	芥子、菜籽、鳕鱼肝油
亚油酸	$CH_3(CH_2)_4CH=CH—CH_2—CH=CH(CH_2)_7COOH$	各种油脂
亚麻酸	$CH_3CH_2CH=CHCH_2CH=CHCH_2CH=CH(CH_2)_7COOH$	亚麻、苏子、大麻籽油

6.2.3.2 人体必需脂肪酸及其生物功能

1. 必需脂肪酸

根据脂肪酸碳链结构的不同,可以分为饱和脂肪酸和不饱和脂肪酸。天然油脂中的不饱和脂肪酸主要是十八碳烯酸,有一个双键的称为油酸,有两个双键的是亚油酸,有三个双键的是亚麻酸。必需脂肪酸都是多不饱和脂肪酸,有亚油酸(十八碳二烯酸)、亚麻酸(十八碳三烯酸)和花生四烯酸(二十碳四烯酸),花生四烯酸也可由亚油酸转化而来。其中,亚油酸人们平时生活中最主要的必需脂肪酸。这些必需脂肪酸主要存在于豆油、花生油、芝麻油等植物油之中。

饱和脂肪酸能够促进消化道对胆固醇的吸收,从而升高血液中胆固醇的浓度,它还容易与胆固醇一起沉积在血管壁上,造成动脉粥样硬化。不饱和脂肪酸能够抑制胆固醇的吸收,并加速胆固醇的分解和排泄,故有利于血液中胆固醇浓度的降低,从而对防治心血管系统的疾病也是有益的。动物油脂中必需脂肪酸含量一般比植物油低,几种食物中亚油酸的质量分数见表6-11。

表 6-11　几种主要食物中亚油酸的百分含量

油脂	亚油酸/%	食品	亚油酸/%	油脂	亚油酸/%	食品	亚油酸/%
棉籽油	55.6	猪肉(瘦)	13.6	鸡油	24.7	鸭肉	22.8
豆油	52.6	猪肉(肥)	8.1	鸭油	19.5	兔肉	20.9
玉米胚油	47.8	猪心	24.4	猪油	8.3	牛肉	5.8
芝麻油	43.7	猪肝	15.0	牛脂	3.9	羊肉	9.2
米糠油	34.0	猪肾	16.8	黄油	3.6	鲤鱼	16.4
菜籽油	14.2	猪肠	14.9	羊脂	2.0	鸡蛋粉	13.0
茶油	7.4	鸡肉	24.2				

2. 必需脂肪酸的功能

必需脂肪酸的功能主要有以下三个方面：一是作为合成胆固醇和磷脂的成分，对于胆固醇的运输、防止其在血管壁上沉积具有重要的作用；二是在构成各种细胞膜成分的类脂中，所含的脂肪酸多是必需脂肪酸，因此对维持细胞膜的完整性和生理功能具有重要作用。必需脂肪酸可保护皮肤免受射线损伤，这是由于新组织的生长和受损组织的修复都需要亚油酸；三是合成人体内前列腺素的原料。前列腺素几乎在所有细胞内都能合成，其功能也是多方面的，患湿疹的婴儿血中不饱和脂肪酸降低，可能是必需脂肪酸缺乏的原因，常用豆油或花生油治疗。

3. 其他功能性脂肪酸

三种必需脂肪酸分子中均含有两个以上的双键，且在双键之间有一个活性亚甲基，这是它们的共同特点。已发现一些多不饱和脂肪酸对人体有特殊的功能。如果从它们碳链的甲基一端开始给碳原子顺序编号，然后数双键的位置，那么亚油酸和花生四烯酸分子中最靠近甲基端位于第六、第七两个碳原子间，故称为 $\Omega-6$ 型不饱和脂肪酸；而 α-亚麻酸分子中最靠近甲基端的双键位于第三、第四个碳原子间，所以称为 $\Omega-3$ 型不饱和脂肪酸。这类脂肪酸中最重要的是 DHA 和 EPA。DHA 有很好的健脑功能，对促进大脑和视网膜的发育有重要作用，能提高儿童智力，并对阿尔茨海默病、异位性皮炎、高脂血症有疗效；EPA 能使血小板聚集能力降低，延长出血后血液凝固时间，降低心肌梗死发病率等。除上述功能外，EPA 还可以降低血液黏度，对心血管疾病有良好的预防效果。DHA 和 EPA 都具有促进代谢和提高人体免疫力的作用，在人体内能促进脂质代谢，防止血栓形成。深海鱼油中富含 DHA 和 EPA，含量最高的是寒冷深海里的一些多脂鱼类，如沙丁鱼、鳕鱼等。但值得注意的是 DHA 和 EPA 如服用过量，可使体内的蛋白质、核酸等生物大分子发生交联以致变性，影响细胞的功能并使细胞衰老。儿童服用过量 DHA 会引起高度兴奋，造成失眠，过量时可引起视网膜退化。

不饱和脂肪酸分子中双键的几何构型一般有顺式和反式两种，顺式构型是天然存在的。当受热或发生化学反应时，不饱和脂肪酸很容易从顺式转变为反式，如当植物油被氢化成一定硬度的人造黄油时，会发生这种构型的转变。反式不饱和脂肪酸会合成有缺陷的细胞膜和激素，扰乱心律，使血液变得黏稠而容易栓塞动脉，降低免疫系统的功能，导致癌症的发生等。

研究还发现，单纯食用植物油会引发一些不好的情况，如易诱发胆结石。另一方面，动物脂肪含有人体合成性激素的原料成分，这对青少年和中老年人维持正常的性激素水平是十分重要的；动物脂肪中还含有一种能预防动脉硬化的成分。所以，植物油和动物油搭配食用更有利于健康,在日常饮食中应当保持两者的平衡。一般情况下,饱和脂肪酸、多不饱和脂肪酸和单不饱和脂肪酸的摄入比例保持在 1:1:1 左右为宜,现在有的油脂公司已经推出了一种新型配方的调和油,就是按三种脂肪酸的合理比例关系配制的。

6.2.3.3 脂类的生理功能

脂类的生理功能主要有五方面。

1. 供给和储存热能

脂肪每氧化 1 g 平均释放热量为 37.8 kJ,比糖类和蛋白质高一倍多。体内营养过多时,过剩的糖、蛋白质等以脂肪的形式储存起来,一旦营养缺乏,则又可以把脂肪转化为碳水化合物并提供给人体。因此,胖人比瘦人更耐饥饿。

2. 构成自身组织

脂肪是构成人体细胞的主要成分。类脂中的磷脂、糖脂和胆固醇是组成人体细胞膜类脂层的基本物质。脂类中的胆固醇、磷脂与蛋白质结合,构成细胞的各种膜,脂类为神经和大脑的重要组成部分,胆固醇还是合成激素的原料。这些类脂在维持细胞生理功能和神经传导方面起着重要的作用。

3. 维持体温,保护器官

脂肪是热的不良导体,分布在皮下的脂肪可减少体内热量的过度散失,对维持人的体温和御寒起着重要的作用。分布在器官、关节和神经组织等周围的脂肪组织,起着隔离层和填充衬垫的作用,可以保护和固定器官。脂肪对一些脏器还起着固定作用。如肾周围脂肪少就会发生肾下垂,这种情况多发于瘦人。

4. 促进脂溶性维生素的吸收,增加食欲和饱腹感

脂肪能协助脂溶性维生素的吸收。如维生素 A、D、E、K 及胡萝卜素必须溶在脂肪中,才能被输送和吸收。

5. 供给脂肪酸,调节生理功能

必需脂肪酸是细胞的重要构成物质,尤其是线粒体和细胞膜,它又是合成人体重要激素——前列腺素的必要前提。

此外,脂肪在皮下适量储存,还可以滋润肌肤,增加皮肤的弹性,充盈营养物质,延缓衰老。

总之,脂肪对于人的生命活动有着重要的作用,是人体不可缺少的营养素。减肥节食拒绝脂肪食物的做法是不对的,同样暴饮暴食更是不可取的。科学实验告诉我们,一个体重 65 kg 并从事一般体力劳动的成年男人每天要从主副食中得到 50 g 脂肪才能满足机体对脂肪的需要。

6.2.3.4 类脂

类脂包括糖脂、磷脂、固醇类和脂蛋白等,特别重要的是磷脂和固醇两类,重要的磷脂有卵磷脂和脑磷脂,卵磷脂主要存在于脑、肾、肝、心、蛋黄、大豆、花生、核桃、蘑菇之中。脑磷脂主要存在于脑、骨髓和血液中。固醇分为胆固醇和类固醇。体内胆固醇除食物中供应一部分外,肝脏还可以合成一部分。

胆固醇是皮肤合成维生素 D 的原料,是肾上腺皮质激素和性激素的主要成分,胆固醇还是合成胆汁酸的原料,如果没有胆固醇,人体就不能合成胆汁酸,缺乏胆汁酸脂肪的吸收就会产生障碍。胆固醇还是其他营养素新陈代谢不可缺少的,但是胆固醇在血液中含量过高,就会在动脉壁上沉积,形成动脉硬化,导致脂类代谢紊乱,诱发一系列心脑血管疾病的发生。

人们对胆固醇的认识存在种种误区,很多人对富含胆固醇的食物避而远之,这是不对的。胆固醇是甾体衍生物,人体胆固醇总量为平均每千克体重约含 2 g,其中血液中占 5%,其余大部分存在于中枢神经系统内,具有重要的生理作用。人体内的胆固醇分为两类:内源性和外源性。内源性胆固醇主要由肝脏合成,外源性胆固醇主要来自于动物性食物,如卵黄、脑、内脏等。对正常人而言,经常食用高胆固醇食物一般是不会导致人体血液中胆固醇水平上升的,因为人体对胆固醇具有调节能力。

患有冠心病、高血压、动脉硬化等疾病的人和那些对胆固醇代谢能力偏弱、有基因障碍的人,应适当限制富含胆固醇的食物。对绝大多数人来说,只要维持正常体重,对食物中胆固醇含量的高低不必过于担忧。表 6-12 中列出了几种胆固醇含量最高和最低的食物。

表 6-12 食物中胆固醇的含量

含量最高的食物	胆固醇/(mg·100 g^{-1})	含量最低的食物	胆固醇/(mg·100 g^{-1})
鸡蛋黄粉	2 850	豆奶	5
猪脑	2 571	海蜇	8
牛脑	2 447	海蜇头	10
全蛋粉	2 251	人乳	11
咸鸭蛋黄	2 110	乳酪	11
乌骨鸡蛋黄	2 057	酸牛乳	12
羊脑	2 004	鲜牛乳	15

6.2.4 维生素

维生素是维持生命的元素,英文名为 Vitamin,是维持身体生长与正常生命活动必需的一类有机化合物。它虽不能供给机体能量,但是机体能量转换和代谢调节离不开它。

维生素缺乏在人类历史的进程中曾经是引起疾病和造成死亡的重要原因之一。早在公元 7 世纪,我国医书中就有对维生素缺乏症和食物防治的记载,如古代名医孙思邈发现食米区有脚气病,采用中药车前子、防风、杏仁可以治愈,这是因为缺乏维生素 B 会导致脚气病。20 世纪前,欧洲、美洲曾有数以百万的人死于癞皮病,也是由于缺乏维生素 B 导致的。

目前已经发现了 20 多种维生素,主要功能是辅酶,调节机体新陈代谢。人体需要的维生素主要包括:维生素 A、维生素 B、维生素 C、维生素 D、维生素 E、维生素 K,此外还包括维生素 B_1、B_2、B_5、B_6、B_{12}、叶酸、泛酸和生物素。维生素的性质各异,但具有以下几个共同点:维生素或其前体都在天然食物中存在,但没有任何一种天然食物含有人所需的全部维生素;在体内不提供热能,一般也不是机体的组成成分;参与维持机体正常生理功能,需要量通常以 mg 计,有的甚至以 μg 计,但是绝对不可缺少;一般不能在体内合成或合成的量很少,不能满足机体需要,必须由食物供给。食物中某种维生素长期缺乏或不足即可引起代谢紊乱和出现病理状态。

6.2.4.1 维生素的分类

维生素的种类很多,化学结构差异很大,功能多种多样,按溶解性能将其分为脂溶性和水溶性两大类。脂溶性维生素主要包括维生素 A、维生素 D、维生素 E、维生素 K 等;水溶性维生素主要是 B 族维生素和维生素 C。

脂溶性维生素和水溶性维生素的区别主要体现在：①化学成分,脂溶性维生素只有碳、氢、氧三种元素,而水溶性维生素还含有氮元素。②来源,脂溶性维生素以维生素原形式存在于植物组织中,在体内转变为维生素,而水溶性维生素没有。③吸收,在脂肪存在时,脂溶性维生素可被肠道吸收。任何增加脂肪吸收的因素也将增加脂溶性维生素的吸收。而水溶性维生素吸收过程相对简单,在肠道中不断随水分吸收进入血液。④储存,脂溶性维生素可储存于体内,而水溶性维生素不能大量储存。⑤排泄,脂溶性维生素通过胆汁从粪便排出,水溶性维生素主要随尿液排出。⑥生理作用,脂溶性维生素参与调节结构单元的代谢,且每种维生素均显示有一种或多种特定的生理作用,水溶性维生素 B 主要与能量传递有关。⑦缺乏症状,膳食中缺乏一种或多种维生素可能导致生长或繁殖的衰退和特有的代谢紊乱,称为维生素缺乏症,严重情况下会导致死亡,例如钙的代谢需要维生素 D,缺乏后会引起骨骼变形,维生素 B 严重缺乏后会引起皮炎、头发粗糙和生长受阻。⑧毒性,过量摄入脂溶性维生素 A 和维生素 D 会引发严重的中毒症状,食物中的脂溶性维生素常与脂类物质共存,吸收后主要在肝脏储存,不易随尿液排出而发生中毒。

6.2.4.2　维生素的来源与功能

维生素的主要功能是作为辅酶的成分调节机体代谢,长期缺乏任何一种维生素都会导致营养不良及某种相应的疾病。每种维生素都履行着各自的功能,且不可以相互替代。人类每日必须均衡适量地摄入各种维生素。现已发现如果摄入过量脂溶性维生素可致中毒症状,如小儿长期吃鱼肝油或大量服用维生素 D 易造成中毒。表 6-13、表 6-14 列出了维生素的来源、主要功能以及缺乏与过量的症状。

表 6-13　水溶性维生素的来源、功能与缺乏症

名称	食物来源	功能	维生素缺乏的症状
维生素 B_1（碱胺、硫胺素）	谷物麸皮、豆,动物肝、脑、心、肾脏（某些食物有抗维生素 B_1 因子：鲤鱼、鲱鱼、青蛤、虾,乙醇、茶叶抗维生素 B_1 吸收）	参与糖代谢,促进能量代谢、维护神经与消化系统的正常功能、促进生长发育	脚气病、心血管疾病、神经系统损伤、肢端麻木、心力衰竭性水肿、胃肠功能障碍、糖类代谢障碍、常发生疲倦、头疼、失眠、食欲不振
维生素 B_2（核黄素）	牛奶、鸡蛋、肝、酵母、谷类、根茎类和阔叶蔬菜、水果	在机体的生物氧化中起传递氧作用,形成电子传递链的辅酶,促进能量代谢	皮肤皲裂、视觉失调、口角炎、角膜炎、阴囊炎、脂溢性皮炎、贫血、伤口难愈合、肿瘤
维生素 B_6（吡哆醇、吡哆胺）	各种谷物、豆类、猪肉、动物内脏、花生、核桃、葵花籽	氨基酸和脂肪酸代谢的辅酶	幼儿贫血、惊厥、发育不良、成人皮肤病、动脉硬化、氨基酸代谢异常、眩晕、恶心、贫血
维生素 B_{12}（氰钴胺）	动物的肝、肾、脑、海鱼、虾,发酵制品（如：豆豉、腐乳、豆瓣酱、黄酱）。可由肠内细菌合成	合成核蛋白	恶性贫血、巨幼红细胞贫血

续表

名称	食物来源	功能	维生素缺乏的症状
维生素 PP（抗癞皮病、烟酸）	酵母、精瘦肉、动物的肝、各种谷物、豆类、花生	NAD、NADP 辅酶的成分，参与糖类、蛋白质、脂肪的代谢，治疗高胆固醇	癞皮病、皮损伤、腹泻、痴呆、神经炎，过量可致胃炎、情绪不安
维生素 C（抗坏血酸）	鲜枣、柑橘属水果、番石榴、猕猴桃、青椒、西芹、青菜、菠菜等绿色蔬菜	使结缔组织和碳水化合物代谢保持正常、参与体内氧化还原作用，防衰老，维持骨骼、牙齿正常生长，促进伤口愈合，增加体内抗体形成，具有解毒能力	坏血病、牙龈出血、牙齿松动、关节肿大、全身皮肤及黏膜易出血、骨骼畸形、关节增大、心肌衰退、伤口不易愈合、对葡萄糖的忍耐性下降、会出现腿脚不灵、性格沉闷、抑郁或歇斯底里等
叶酸	酵母、动物内脏、菠菜等绿叶蔬菜、麦芽	合成核蛋白	贫血症、巨幼红细胞贫血、心血管病、胃肠道功能紊乱
泛酸	酵母，动物肝脏、肾，蛋黄	形成辅酶 A、维持血糖浓度、影响微量元素的代谢	运动神经元失调、消化不良、心脏管功能紊乱、巨红细胞贫血、肿瘤
维生素 H（生物素）	动物肝脏、蛋黄、玉米、大豆、干豆类，由肠内细菌合成	维持脂肪和蛋白质正常代谢	干燥鳞状皮炎、舌炎、精神压抑、麻木、疲乏、血红细胞下降、食欲下降、胆固醇上升

表 6-14　脂溶性维生素的来源、功能及缺乏和过量症

名称	食物来源	功能	维生素缺乏的症状	维生素过量的症状
维生素 A（A_1 视黄醇，A_2 脱氢视黄醇）	动物肝脏、蛋、乳等，绿色和黄色蔬菜及水果、鳕鱼肝油，每日最低需要量 5 000 IU（1 IU ＝0.3 μg视黄醇）	维持视觉、保持暗淡光线中的正常视觉；促进生长、促进骨骼、牙齿和机体的生长发育；增强生殖力；清除自由基	夜盲、皮损伤、皮肤干燥、毛囊角化、眼病、角膜软化、呼吸道黏膜抵抗力降低、胎儿和幼儿发育障碍、女子月经过多和男子精子发育不良、肿瘤	过量中毒（血液中超过 8 000～20 000 IU/L）极度过敏，皮损伤、骨脱钙、脑压增高、视线模糊、腹泻、肝腺肿大、食欲不振
维生素 D（D_2 骨化醇，D_3 胆钙化醇）	鱼肝油、动物肝脏、蛋黄、乳类、晒太阳，每日最低需要量 400 IU（1 IU ＝0.025 mg 胆钙化醇）	促进钙、磷吸收；维持血钙水平和磷酸盐水平；促进牙和骨的生长发育；调节代谢	佝偻病，引起骨质疏松、软化、近视，筋肉痉挛、惊厥、血钙低	中毒症状类似于甲状腺功能亢进，厌食、恶心、腹泻、便秘、头疼、发热等，慢性中毒则体重减轻、便秘、骨化过度、高血钙症、组织钙化，并可使肾功能减退、高血压等
维生素 E（生育酚）	绿色阔叶蔬菜、植物油、坚果、谷物、麦胚、花生和蛋黄。每日最少需要 10～40 mg	保持红细胞的抗溶血能力，提高免疫力，清除自由基，治疗习惯性流产	机体易衰老、肌肉萎缩、心脑血管疾病、肿瘤、不孕症	主动脉胆固醇沉积增加、肝不耐受酒精
维生素 K（K_1、K_2、K_3、K_4）	由肠内细菌产生，肉类、乳类、动物内脏、绿叶蔬菜	促进肝里凝血酶原的合成	不易止血、血液凝结作用丧失	

6.2.5　无机盐

无机盐是维持正常生理机能不可缺少的物质。组成人体的各种元素中除了以碳、氢、氧、氮主要以有机化合物形式存在外,其他元素无论含量多少都统称为矿物质。人体内有 60 多种无机盐,占人体质量的 4% 左右,年龄越大无机盐含量越多。人体及动物所需的矿物质元素有 K、Na、Ca、Fe、Mg、Cu、Mn、Co、P、S、Cl、I、F、Se 等,它们在体内多以离子状态存在,是构成骨、齿和体液(血液、淋巴)的重要组成部分。例如,骨骼的重要组成部分是无机盐——钙、磷、氟、镁的化合物,无机盐也是构成牙齿的成分;磷除了组成骨骼和牙齿外,还是大脑和神经系统的重要组成部分。

人体内矿物质主要来源于动植物组织,其次来源于饮水、食盐和食品添加剂等。由于矿物质元素都要依靠食物供给,体内无法合成,所以为了保证各种元素的摄入量满足人体的需要,需要保证食物来源的多样化。

6.2.5.1　无机盐是机体的重要组成成分

人体内矿物质主要存在于骨骼中并起着维持骨骼刚性的作用,骨骼集中了 99% 的钙及大量的磷和镁,硫和磷还是蛋白质的组成成分。细胞中钾含量较多,体液中钠含量较多。

6.2.5.2　维持细胞的渗透压与机体的酸碱平衡

矿物质与蛋白质一起维持着细胞内外液的渗透压,对体液的储存和移动有重要作用。此外,矿物质中酸性、碱性离子的适当配合,与碳酸盐、磷酸盐以及蛋白质组成一定的缓冲体系,可维持机体的酸碱平衡。

6.2.5.3　保持神经、肌肉的兴奋性

组织液中的矿物质浓度的配比对保持神经、肌肉的兴奋性,细胞膜的通透性,以及所有细胞的正常功能有很重要的作用。例如,K 和 Na 的离子可提高神经肌肉的兴奋性。

6.2.5.4　具有机体的某些特殊生理功能

某些矿物质元素对机体的特殊生理功能有重要作用。例如,血红蛋白和细胞色素酶系中的铁,甲状腺中的碘对呼吸、生物氧化和甲状腺的作用具有特别重要的意义。

6.2.5.5　改善食品的感官性状与营养价值

矿物质中有很多是重要的食品添加剂,它们对改善食品的感官性状和营养价值具有重要意义。例如,氯化钙是豆腐的凝固剂,同时还可防止果蔬制品软化。

6.2.6　合理营养

合理膳食是营养之本,我们日常饮食中一定要努力做到食物合理搭配。人体对营养的需要和膳食间的平衡关系直接影响健康,新陈代谢、体质强弱、智力高低、免疫能力强弱,而且人体衰老、癌瘤的形成等都与营养质量、各种营养素之间的配比有一定的关系。合理的营养可以预防多种疾病。必须树立科学的营养观念:食补胜于药补,缺什么补什么,过量的危害大于缺乏,注意食物的多样性,食物种类越多获得的营养就越均衡。

6.2.6.1 营养指导原则

营养指导原则包括合理的饮食制度和均衡的能量供应。

1. 合理的饮食制度

每日的饮食安排应当与人的消化机能协调。我国民间谚语"早饱、中好、晚少"的原则与胃的工作阶段非常相符,第一阶段是早晨五点至十二点,这段时间糖的酵解作用强烈,应当保证淀粉类主食的摄入;第二阶段是午后一点至六点,肠、胃的功能全面启动,适宜处理脂肪、蛋白质;第三阶段是晚上七点至睡前,消化能力较弱,易积食宜吃易消化的流食。中国营养学会提出"食物要多样,饥饱要适当,粗细要搭配,油脂要适量,三餐要合理,甜食要适量,饮酒要节制,食盐要限量"的膳食指导原则。此外,还应注意以下几点:饮食要清淡;进食要定时;少吃多餐;食物要现做现吃;食物种类要丰富,吃的越杂越有利于获得全面的营养。

2. 均衡的能量供应

能量供应随年龄、工作性质、个人情况而异,但饥饿和过饱都会影响生理功能和免疫系统。尤其要注意防止暴饮暴食,不仅会浪费食物,而且也会引发生理和心理疾患。

6.2.6.2 食物的酸碱平衡原则

食物的酸碱性划分是依据食物在人体内代谢的结果进行的,产生酸性结果的为酸性食品,产生碱性结果的为碱性食品。因此,这里所指的酸碱性质与原来食物本身的性质无关。例如,橘子是酸的却是碱性食品。

食品在生理上是酸性还是碱性,可以通过食品灰化后用酸或者碱进行中和确定。灰分的酸度和碱度,是指 100 g 食品的灰分溶于水之后,用 $0.1 \ mol \cdot L^{-1}$ 的标准酸溶液或碱溶液中和时所消耗的酸或碱的体积(mL),再乘以灰分的百分含量的值。以"+"表示碱性,以"−"表示酸性。酸碱食物见表 6-15 和表 6-16。

食物的酸碱性对保持人体体液的酸碱平衡影响颇大。食入碱性食物与二氧化碳反应形成碳酸盐,由尿液排出,而食入酸性食物过多,血液本身的缓冲作用无法承受而变成酸性,此时需要消耗钙等碱性元素,而使血液黏度增加、血压升高。青少年会产生皮肤干燥、胃酸过多、便秘、龋齿等病症;中老年则会产生神经痛、血压亢进,以及动脉硬化、脑出血等症状。

表 6-15 酸性食物

食物	灰分/%	灰分酸度	食物	灰分/%	灰分酸度
鸡肉	1.37	−7.60	糙米	1.46	−10.60
猪肉	1.10	−5.60	面粉	0.53	−6.50
牛肉	1.00	−5.00	面包	0.74	−0.80
蛋黄	1.02	−18.80	蚕豆	3.11	−1.40
鲤鱼	1.37	−6.40	花生	1.80	−3.00
虾	1.77	−18.0	紫菜	8.75	−0.60
白米	0.37	−11.67	啤酒	0.23	−4.80

表 6 - 16　碱性食物

食物	灰分/%	灰分碱度	食物	灰分/%	灰分碱度
豆腐	0.64	+0.20	黄瓜	0.47	+4.60
大豆	4.64	+2.20	橘汁	0.36	+10.00
四季豆	3.62	+5.20	西瓜	0.22	+9.40
菠菜	1.30	+12.00	香蕉	1.05	+8.40
莴笋	1.14	+6.33	梨	0.31	+8.40
胡萝卜	0.77	+8.32	苹果	0.42	+8.20
土豆	0.93	+4.60	柿子	0.43	+6.20
藕	1.13	+3.40	牛乳	0.73	+0.30
洋葱	0.70	+2.40	蛋白	0.67	+4.80
海带	2.78	+14.40	茶 5 g/L	0.18	+8.89

6.3　化学药物与健康

在丰富多彩、品种繁多的天然食品中,有许多食品的药理活性都已经被科学研究证实,甚至许多天然食物早已被列入我国中医药典而被人们使用了多年。

人类在与疾病的斗争过程中积累了丰富的经验,天然药物之所以能治病,其物质基础在于所含的有效成分。

6.3.1　抗生素

自 20 世纪 40 年代青霉素被广泛应用之后,科学家又陆续发现了多种天然杀菌剂,并转化为药物,其中最有效的当属大蒜。大蒜是自然界中一种最强有力、最复杂、广谱的抗生素。实验显示,大蒜至少可以杀死 72 种导致腹泻、痢疾、食物中毒、结核、脑炎及其他疾病的感染性细菌。洋葱也是一种极强的抗生素,第二次世界大战时的苏联军队常用它来治疗受伤后的感染。古希腊和罗马战场上,蜂蜜和红酒被用来清洗、治疗伤口。食物成分主要通过以下机制破坏细菌:抑制细菌蛋白质、叶酸和转肽酶的合成而使细菌不能增殖。乌饭树浆果和酸果蔓不仅可抑制细菌增殖,而且可以阻止细菌和人体细胞的黏附。

有抗菌活性的食品有苹果、香蕉、紫苏、甜菜、卷心菜、胡萝卜、芹菜等,这些有抗菌活性的食物能够抗菌主要是因为它们所含的活性成分,如大蒜素、乳酸菌、丁香酸、多酚(单宁、儿茶素、花色苷)等。

6.3.2　抗癌剂

食物中的化合物可以阻断潜在致癌物在体内激活成致癌因子的过程,可预防细胞的基因突变,激活体内的酶,促进体内致癌物的排出,并修复致癌因子造成的细胞损伤,减少癌细胞增生及形成肿瘤的能力,甚至有助于防止癌细胞扩散,抑制癌细胞的转移。抗癌化合物主要存在于水果和蔬菜中。

有抗癌活性的食品:大蒜、卷心菜、甘草、大豆、生姜、伞形植物(胡萝卜、芹菜)、洋葱、茶叶、姜黄、柑橘类(橘子、葡萄、柠檬)、小麦、亚麻、糙米、茄科植物(番茄、茄子、辣椒)、十字花科植物(花椰菜、花菜、紫甘蓝)、燕麦、薄荷、黄瓜、迷迭香、鼠尾草、土豆、麝香草、细香葱、甜瓜、紫苏、荞麦、浆果、海藻、橄榄油等。

一些食品中有抗癌活性的化合物:硫化丙烯(大蒜、洋葱、细香葱)、胡萝卜素类(绿色有叶植物、胡萝卜、红薯、南瓜)、儿茶酸(茶、浆果)、香豆素(胡萝卜、西芹、柑橘类)、吲哚(卷心菜、花菜、花椰菜、甘蓝)、异硫氰酸盐(芥末、辣根、小萝卜及其他十字花科植物)、异黄酮(大豆、亚麻籽)、柠檬酸(柑橘)、蛋白酶抑制剂(大豆、坚果、谷物)等。

6.3.3 抗凝剂

阿司匹林是最重要的抗凝剂之一,有抗血小板聚集的能力,使血液黏度降低,不易形成凝块堵塞动脉。低剂量的阿司匹林有助于预防心脏病及脑卒中,仅仅 30 mg 就可抑制血小板聚集,这是由于阿司匹林有可抑制血栓素的作用,而血栓素可刺激血小板聚集。

有抗凝活性的食品有:肉桂、小茴香、鱼油、大蒜、生姜、葡萄、甜瓜、蘑菇、黑木耳或木耳、洋葱、茶(儿茶素)、西瓜、红葡萄酒、深海鱼油(Ω−3 脂肪酸)等。

6.3.4 抗抑郁物质

食物通过影响大脑中神经递质——5-羟色胺的含量来控制情绪。那些可以消耗5-羟色胺的食品可以使人情绪低落、抑郁,而使大脑中5-羟色胺正常的食品可提高情绪,故含有5-羟色胺的药物常用于治疗抑郁症。

食物中的叶酸可通过对大脑的生物化学作用,调节5-羟色胺的水平,从而影响情绪。有抗抑郁活性的食品有:咖啡因、生姜、蜂蜜、糖等。食物中含有抗抑郁活性的成分:碳水化合物、咖啡因、叶酸、硒(海产品、谷物、坚果)等。

6.3.5 抗腹泻物质

许多食品因为含有鞣酸及其他收敛药物成分,故可以有效地防治腹泻。其他一些食品也可以有效杀灭肠道中的细菌,从而达到抗腹泻作用。有抗腹泻活性的食品:肉桂、大蒜、生姜、甘草、肉豆蔻果仁、米、茶、姜黄等。

6.3.6 抗高血压药物

许多药物性治疗高血压的方法是以直接方式降低血压。因此有许多副作用,如引起虚弱、瞌睡和阳痿。食物也可以降低血压,芹菜就是典型的降压食品。芹菜中的酞酸化合物可松弛血管壁的平滑肌,扩张血管,从而降低血压。这种化合物有阻断产生儿茶酚胺酶的作用,从而达到降压效果。儿茶酚胺是一种激素,可使血管收缩、血压升高,因此芹菜似乎可抑制能升高血压的激素的产生,降低血压。大蒜和洋葱都以相同的方式降低血压,两者都含有一种平滑肌松弛剂。

有降血压活性的食物有:芹菜、芥末、鱼油、大蒜、葡萄、橄榄油、洋葱等。

6.3.7 抗氧化剂

抗氧化剂在维持机体健康、抗癌等方面具有非常重要的作用。抗氧化剂可以抑制几乎所有慢性疾病的发生,包括心脏病、癌症、支气管炎、白内障、帕金森病以及身体本身的老化过程。维生素和矿物质可以充当较好的抗氧化剂,许多具有生物化学活性的酶和外源性化合物也是抗氧化剂,主要集中于植物食物中。

有高浓度抗氧化剂和较强抗氧化能力的食品有:大蒜、鳄梨、芦笋、紫苏、浆果、胡桃、花椰菜、甘蓝、卷心菜,胡萝卜、辣椒、丁香、羽衣甘蓝、菠萝、鱼、橘子、花生、胡椒、薄荷、南瓜、鼠尾草、芝麻、留兰香、菠菜、甘薯、番茄、西瓜等。

食物中主要的抗氧化活性成分如下:

(1) β-胡萝卜素:β-胡萝卜素可防止心脏病、脑卒中、癌症的发生,提高人的免疫力,去除氧自由基。研究发现,癌症患者常伴有低水平的 β-胡萝卜素,如肺癌患者血液中的 β-胡萝卜素水平比正常人低 1/3。β-胡萝卜素主要来源于绿叶蔬菜、甘薯、胡萝卜、杏干、甘蓝、菠菜,南瓜中含量最多,红葡萄、芒果、莴苣及花菜次之。根据测试,β-胡萝卜素在烹饪时并不会被破坏。

(2) 谷胱甘肽:谷胱甘肽是一种重要的抗癌物质,它可以消灭至少 30 种致癌物质,并可以防止心脏病、白内障、哮喘、癌及其他与自由基损害有关的疾病的发生。谷胱甘肽可以对有毒物质如环境污染物解毒,阻止其损害作用。另外,研究人员在实验中还发现谷胱甘肽几乎可完全阻断 AIDS 病毒的复制。

谷胱甘肽的主要食物来源:鳄梨、芦笋和西瓜等。其他富含谷胱甘肽的食物有:鲜柚子、橘子、草莓、鲜桃子、土豆、西葫芦、花椰菜、花菜、番茄等。一些肉类,尤其是煮好的火腿、瘦肉、排骨、小牛肉排中也含有一些谷胱甘肽。

需要注意的是,只有新鲜及冻存的水果和蔬菜中才含有高浓度的谷胱甘肽。罐装及加工过的食品其谷胱甘肽含量只有新鲜及冻存蔬菜和水果的 1/8;烹饪、磨碎或榨汁均可破坏谷胱甘肽。

(3) 吲哚:吲哚是最早发现的抗癌化合物之一,通过解除致癌剂的毒性起作用。吲哚有助于防止大肠癌,还可通过影响雌激素代谢防止发生乳腺癌。吲哚的主要食物来源,包括:花椰菜、甘蓝、卷心菜、水芹、芥末、大头菜和萝卜等。

(4) 番茄红素:研究人员发现,血液中严重缺乏番茄红素的个体易患胰腺癌,而且直肠癌及膀胱癌患者的番茄红素水平也比较低。另外,番茄红素的抗氧化活性优于 β-胡萝卜素。番茄红素的主要食物来源:番茄、西瓜。

(5) 槲皮素:槲皮素是黄酮类物质家族中生物活性最强的成员之一,主要存在于水果和蔬菜中。洋葱中所含槲皮素达 10%。槲皮素有多种多样的抗疾病潜能,是迄今为止发现的最有潜力的抗癌物质之一。它能杀灭许多致癌物质,防止细胞 DNA 受损害,并能抑制刺激肿瘤生长的酶。槲皮素还有抗炎、抗细菌、抗真菌、抗病毒的活性。槲皮素是一种抗凝血物质,有助于阻止血液凝块的形成。作为一种抗氧化剂,它可吸收氧自由基,有助于防止脂肪被氧化(脂质过氧化),因此槲皮素可阻止氧自由基对动脉的损害及对低密度脂蛋白胆固醇的氧化,有助于维持动脉畅通。槲皮素的主要来源:洋葱、冬葱、红葡萄、花椰菜及笋瓜等。

(6) 辅酶 Q_{10}:辅酶 Q_{10} 是低密度脂蛋白胆固醇解毒的最佳抗氧化剂之一。低密度脂蛋白的胆固醇颗粒中含有高浓度的辅酶 Q_{10},而辅酶 Q_{10} 是最有效的抗氧化剂,甚至比维生素 E 的抗氧化作用更强,可维持低密度脂蛋白胆固醇不被氧化。辅酶 Q_{10} 还有助于维生素 E 的再生,两者一起发挥作用。此外,辅酶 Q_{10} 也有预防心脏病,强化心脑血管的功能。辅酶 Q_{10} 的主要食物来源:沙丁鱼、鲭鱼、花生、大豆、核桃、芝麻等。

(7) 维生素 C:维生素 C 是较强的抗氧化剂,可预防哮喘、支气管炎、白内障、心律不齐、心绞痛、男性不育及男性生殖系统缺陷和所有癌症。维生素 C 和维生素 E 有协同作用。维生素 C 的主要食物来源:红绿大辣椒、花椰菜、花菜、草莓、菠菜、柑橘类水果、卷心菜等。

(8) 维生素 E:维生素 E 具有抗氧化活性,是心脏和心脑血管有力的保护剂。血液中维生素 E 水平较高的人不易发生心律不齐、心绞痛及心肌梗死等情况;维生素 E 有助于保护脂肪分子免受致病氧化性物质的损害,抵抗氧化细胞膜的链式反应,并避免氧自由基破坏细胞。维生素 E 存在于低密度脂蛋白胆固醇中,可防止低密度脂蛋白胆固醇脂肪分子的氧化,从而防止动脉堵塞。维生素 E 的主要食物来源:植物油、杏仁、大豆、葵花籽等。

6.3.8　抗炎物质

如果摄入肉类和 Ω - 6 型植物油,可能会产生更多的花生四烯酸,引发链式反应,产生引发炎症反应的特异性的白三烯类物质。鱼油可通过控制前列腺素系统,阻止其产生大量的白三烯;生姜等也有抗炎症效用。有抗炎活性的食物有:苹果、鱼油(Ω - 3 型脂肪酸)、大蒜、生姜、洋葱、菠萝、鼠尾草等。有抗炎活性的食物化合物有:开普塞辛(辣椒)、Ω - 3 型脂肪酸、槲皮素(洋葱)等。

6.3.9　抗血小板物质

某些物质可降低血液中纤维蛋白原的含量,而纤维蛋白原是血栓形成的物质基础。一般纤维蛋白原水平较高、纤溶活性较低的人容易发生动脉硬化、心肌梗死。抑制血凝的食品包括:辣椒、鱼油、大蒜、生姜、葡萄汁、洋葱、紫菜、红葡萄酒等。

6.3.10　抗溃疡物质

食物抗溃疡的方式是增强胃壁使其不易受到酸的侵蚀。某些食物可刺激胃壁细胞的增生,引起胃黏液的快速分泌,覆盖于细胞表面,形成保护性表面,防止受到酸性损伤。抗菌性食物如酸牛奶、茶、卷心菜和甘草等同样能抗溃疡和胃炎。因此,抗菌性药物也有助于治疗胃溃疡。

有抗胃溃疡活性的食物有:香蕉、卷心菜和其他十字花科植物(花菜、花椰菜、甘蓝和萝卜)、芥末、无花果、生姜、甘草、茶等。

6.3.11 抗病毒物质

如果存在足量的叶酸,病毒就会被灭掉。疱疹病毒能感染机体,精氨酸会促进疱疹病毒的生长,而赖氨酸可抑制其生长。酸牛奶具有抗病毒活性,其中 γ-干扰素可抑制病毒复制,刺激自然杀伤细胞的活性。

有抗病毒活性的食品有:苹果、大麦、葱、咖啡、芥子粉、生姜、大蒜、葡萄、柚子、柠檬汁、蘑菇、橘汁、桃子、菠萝汁、李子、覆盆子、鼠尾草、海藻、草莓、茶、红葡萄酒等。食物中有抗病毒活性的化合物有:谷胱甘肽、香菇多糖等。

6.3.12 驱风剂

驱风剂有助于排气,缓解肠胃气胀,主要的药理活性物质是植物中的油类。驱风剂有抗痉挛作用,可松弛肠道肌肉,利于气体排出。有驱风剂活性的食品有:茴香、紫苏、甘菊、大蒜、薄荷、鼠尾草等。

6.3.13 胆固醇改善剂

食物可降低不良性低密度脂蛋白胆固醇的水平,提供良性高密度脂蛋白胆固醇的水平,从而有助于防止因低密度脂蛋白胆固醇的氧化而对动脉造成更大损伤。食物抗氧化剂可预防不良性低密度脂蛋白胆固醇的氧化,能降低不良性低密度脂蛋白胆固醇的食物有:杏仁、苹果、鳄梨、大麦、干豆类、胡萝卜、大蒜、柚子、燕麦、橄榄油、米糠、香菇、黄豆、核桃等。

保持低密度脂蛋白胆固醇不产生毒性的食品:富含维生素 C 的食品、富含 β-胡萝卜素的食品、富含维生素 E 的食品、富含辅酶 Q_{10} 的食品、富含单不饱和脂肪的食物(橄榄油、杏仁)、红葡萄等。

6.3.14 利尿剂

食物通过刺激肾的滤过结构来促进尿液排出,其作用机制与药物利尿剂不同。西芹是一种相当强的食物利尿剂,饮用西芹茶可达到利尿效果。茶中的儿茶酚的利尿效果强于咖啡因。有利尿活性的食品有:茴香、芹菜、咖啡、香菜、茄子、大蒜、杜松子果、柠檬、甘草、肉豆蔻、洋葱、西芹、薄荷、茶等。

6.3.15 激素

许多植物都含有植物雌激素,如豆类食物中的黄豆雌激素含量较多,其分子结构与人类雌激素相似,但效果较弱。虽产生作用缓慢,然而却比较安全,没有人工雌激素的严重副作用。如食用十字花科的植物,可增加身体利用和处理体内雌激素的速率。

有雌激素活性的食品有:茴香、苹果、花菜、甘蓝、卷心菜、胡萝卜、花椰菜、咖啡、玉米、亚麻籽、大蒜、甘草、燕麦、菠萝、花生、土豆、米、芝麻、黄豆等。

6.3.16　免疫佐剂

健康的主要特征就是免疫系统能抵抗外敌的入侵,如病毒、肿瘤细胞、酸牛奶可刺激两种重要的免疫物质,即自然杀伤细胞(NK 细胞)和 γ-干扰素的生成。每天两杯酸奶可使人体内 γ-干扰素水平升高 5 倍,并可增强攻击病毒和肿瘤细胞的 NK 细胞的活性,NK 细胞则可以"抵御"肿瘤细胞和病毒对人体的"攻击"。加热酸奶会杀死 95% 的细菌培养物,但其仍旧可以激活 NK 细胞。因此酸奶是一种强力免疫佐剂。

可刺激免疫功能的食品有:大蒜、香菇、酸奶等。刺激免疫功能的食物中的化合物有:β-胡萝卜素(胡萝卜、菠菜、甘蓝、南瓜、甘薯)、维生素 C(辣椒、橘子、花椰菜、菠菜)、维生素 E(坚果、油类)、锌(水生贝壳类初物)等。

6.3.17　止痛剂

有两种普通食物中的化学成分均有止痛作用,一种是咖啡因,另一种是开普赛新(辣椒中的化学成分),现在被广泛用作止痛剂。咖啡因可在体内替代腺苷,中断疼痛信号向人脑的传递,从而止痛。辣椒中的开普赛新是一种局部的麻醉剂和止痛剂,故用辣椒的提取物可治疗牙痛。这是由于开普赛新可使神经细胞释放出 P 物质,延迟到达中枢神经系统的疼痛感,从而达到止痛的效果。

有止痛活性的食品有:咖啡(咖啡因)、辣椒(开普赛新)、丁香、大蒜、生姜、甘草、洋葱等。

6.3.18　解热镇痛抗炎药物

某些食物中含有水杨酸盐,具有阿司匹林活性,但蔬菜中含量极少。水杨酸盐具有解热镇痛抗炎及抗凝血的作用。含天然阿司匹林(水杨酸盐)较高的食品有:樱桃、咖喱、椰枣、黄瓜、甘草、红辣椒、梅干等。

6.3.19　镇静剂

许多天然镇静剂像吗啡一样,通过结合到大脑中的阿片受体发挥作用。其他镇静剂可能刺激神经递质,如稳定大脑 5-羟色胺的水平或活性。蜂蜜、糖和其他碳水化合物可影响 5-羟色胺,使大多数人镇静并进入睡眠。

有镇静活性的食品有:茴香、芹菜籽、丁香、大蒜、生姜、蜂蜜、酸橙皮、香味薄荷、洋葱、橘子皮、西芹、鼠尾草、留兰香、糖、碳水化合物等。

化学小贴士

——神奇的氟代脱氧葡萄糖

葡萄糖 2 位的羟基被放射性同位素[18]F 取代后形成氟代脱氧葡萄糖(^{18}F-FDG)。氟在自然界都是以^{19}F形式存在,而^{18}F是人工合成产物,其半衰期较短,仅有108 min,在衰变过程中释放出正电子,生成稳定且不具放射性的重氧^{18}O。利用这一性质,可以将^{18}F-FDG用于医学领域,通过正电子发射断层扫描技术(PET,Positron Emission Tomography)可以帮助医生判断肿瘤或癌症的情况,因此具有重要意义。由于^{18}F的半衰期很短,因此用于临床诊断的含^{18}F试剂无法长期保存,只能现用现制,一般而言,能做PET测试的医院都有自动合成装置—现场回旋加速器。而在治疗过程中,通常给禁食数小时、血糖值较低的病人通过静脉注射注入含^{18}F-FDG的液体,病人静候约1小时,让利用葡萄糖的器官和组织有充分时间摄取^{18}F-FDG,然后再通过PET扫描仪检测信号分布。PET的诊断原理是借助^{18}F衰变放出的正电子与周围的电子结合释放出γ射线,并利用PET扫描仪检测γ射线的位置来精准定位癌变部位。